Annales de Mathématiques
Baccalauréat A
Cameroun
2009 – 2019

Annales de Mathématiques Baccalauréat A Cameroun 2009 – 2019

Sujets et Corrigés

Christian V. Nguembou Tagne

BoD - Books on Demand

© 2021, Christian Valéry Nguembou Tagne

« Cette œuvre est protégée par le droit d'auteur et strictement réservée à l'usage privé du client. Toute reproduction ou diffusion au profit de tiers, à titre gratuit ou onéreux, de tout ou partie de cette œuvre, est strictement interdite et constitue une contrefaçon prévue par les articles L 335-2 et suivants du Code de la Propriété Intellectuelle. L'auteur se réserve le droit de poursuivre toute atteinte à ses droits de propriété intellectuelle devant les juridictions civiles ou pénales. »

Éditeur : BoD - Books on Demand,

12/14 rond-point des Champs Élysés, 75008 Paris

Impression : BoD - Books on Demand, Allemagne

ISBN : 978-2-322-18934-2

(*Première édition, novembre 2019*)

Dépôt légal : février 2021

À la mémoire de
Monique Nguembou
(1932 – 1995)

Avant-propos

> *J'aimais et j'aime encore les mathématiques pour elles-mêmes comme n'admettant pas l'hypocrisie et le vague, mes deux bêtes d'aversion.*
>
> **Stendhal**
> **Vie de Henry Brulard**

Cet ouvrage est une chronique de l'épreuve de mathématiques au baccalauréat A du Cameroun, pour les onze sessions de 2009 à 2019. Le sigle A est ici générique pour toutes les séries littéraires A1, A2, A3, A4, A5 et ABI.

L'ouvrage est composé de onze chapitres correspondants aux sessions. Chaque chapitre se décline en trois sections. La première section reprend l'énoncé original du sujet. La deuxième section propose dans la foulée un corrigé dudit sujet. La troisième section, conclusion du chapitre, est dédiée à des notes et commentaires succincts sur l'énoncé ou le corrigé proposé.

Traditionnellement, les annales sont des outils mis à la disposition des apprenants pour la préparation aux épreuves des examens officiels des divers ordres d'enseignement. Le présent texte s'inscrit dans cette tradition didactique. En effet, il présente des corrigés détaillés, des notes informatives, des commentaires explicatifs, et un index thématique pour une lecture ciblée et un apprentissage méthodique.

En plus d'être des textes didactiques, les annales sont manifestement des documents d'archives. Cette dimension historique a été un moteur de la rédaction de ce livre, qui est le deuxième opus d'une collection visant la constitution d'archives pour le présent et la postérité.

Verviers, le 19 février 2021

Christian V. Nguembou Tagne

formalis-mathematica.net

Table des matières

Avant-propos vii

1. **Session 2009** 1
   - 1.1. Sujet 2009 1
     - Exercice 1 : Systèmes d'équations – Primitive, dérivée et monotonie 1
     - Exercice 2 : Série statistique des moyennes d'une classe 2
     - Exercice 3 : Tirage de boules d'une urne et calcul de probabilités 3
     - Exercice 4 : Somme d'un polynôme et de l'inverse de l'exponentielle 3
   - 1.2. Corrigé 2009 4
   - 1.3. Notes et commentaires sur le sujet 2009 18

2. **Session 2010** 23
   - 2.1. Sujet 2010 23
     - Exercice 1 : Équations dans l'ensemble des nombres réels 23
     - Exercice 2 : Évolution du prix du kilogramme de viande 23
     - Problème : Composée d'un polynôme et de l'exponentielle 24
   - 2.2. Corrigé 2010 25
   - 2.3. Notes et commentaires sur le sujet 2010 35

3. Session 2011 37

3.1. Sujet 2011 37
Exercice 1 : Équations et systèmes d'équations 37
Exercice 2 : Évolution annuelle de la dette d'un pays 38
Problème : Étude d'une fonction rationnelle 39

3.2. Corrigé 2011 40

3.3. Notes et commentaires sur le sujet 2011 53

4. Session 2012 57

4.1. Sujet 2012 57
Exercice 1 : Équations et système d'équations 57
Exercice 2 : Enquête statistique et calcul de probabilités 58
Problème : Étude et primitive d'une fonction rationnelle 58

4.2. Corrigé 2012 59

4.3. Notes et commentaires sur le sujet 2012 69

5. Session 2013 71

5.1. Sujet 2013 71
Exercice 1 : Polynôme et équations dans l'ensemble des réels 71
Exercice 2 : Tombola et probabilités – Série statistique 72
Problème : Étude et primitive d'une fonction rationnelle 72

5.2. Corrigé 2013 73

5.3. Notes et commentaires sur le sujet 2013 84

6. Session 2014 87

6.1. Sujet 2014 87
Exercice 1 : Évolution du nombre de visiteurs d'un site touristique 87
Exercice 2 : Tirage de boules d'une urne et calcul de probabilités 88
Problème : Fonction définie au moyen du logarithme népérien 88

6.2. Corrigé 2014 89

6.3. Notes et commentaires sur le sujet 2014 99

7. Session 2015 .... **101**

    7.1. Sujet 2015 101

        Exercice 1 : Systèmes d'équations – Calcul de probabilités 101

        Exercice 2 : Évolution du chiffre d'affaires d'une entreprise 102

        Problème : Quotient d'un polynôme et de l'exponentielle 102

    7.2. Corrigé 2015 103

    7.3. Notes et commentaires sur le sujet 2015 115

8. Session 2016 .... **117**

    8.1. Sujet 2016 117

        Exercice 1 : Équations dans l'ensemble des réels 117

        Exercice 2 : Évolution de la production d'une société 117

        Problème : Composée du logarithme népérien et d'un polynôme 118

    8.2. Corrigé 2016 119

    8.3. Notes et commentaires sur le sujet 2016 128

9. Session 2017 .... **129**

    9.1. Sujet 2017 129

        Exercice 1 : Inéquations – Calcul de probabilités 129

        Exercice 2 : Évolution du bénéfice d'une entreprise 130

        Problème : Système d'équations – Étude de fonctions 130

    9.2. Corrigé 2017 133

    9.3. Notes et commentaires sur le sujet 2017 143

10. Session 2018 .... **145**

    10.1. Sujet 2018 145

        Exercice 1 : Inéquation et équations sur l'ensemble des réels 145

        Exercice 2 : Tirage de boules d'une urne et calcul de probabilités 146

        Problème : Étude et primitives d'une fonction rationnelle 146

    10.2. Corrigé 2018 148

    10.3. Notes et commentaires sur le sujet 2018 158

11. Session 2019 161

    11.1. Sujet 2019 161

        Exercice 1 : Équations et système d'équations sur l'ensemble des réels ... 161

        Exercice 2 : Combinatoire, calcul de probabilités et série statistique 162

        Problème : Étude et primitives d'une fonction rationnelle 163

    11.2. Corrigé 2019 164

    11.3. Notes et commentaires sur le sujet 2019 176

Index thématique 179

Liste des schémas 187

Bibliographie 189

Index 191

Chapitre 1

Session 2009

1.1. Sujet 2009

Ce sujet comporte quatre exercices indépendants, tous obligatoires.

Exercice 1 : Systèmes d'équations – Primitive, dérivée et monotonie.

I.

1. Résoudre le système suivant :

$$\begin{cases} 2x + y = 1, \\ 5x + 3y = 4. \end{cases}$$

2. En déduire l'ensemble solution du système suivant :

$$\begin{cases} 2\ln x + \ln y = 1, \\ 5\ln x + 3\ln y = 4. \end{cases}$$

II.

Parmi les quatre réponses qui sont proposées, une seule est juste. Recopier sur votre feuille de composition son numéro.

1. Une primitive de la fonction f, définie par $f(x) = \frac{3}{2-x}$, sur $]2, +\infty[$, est :
   (a) $F(x) = -3\ln(2-x)$;
   (b) $F(x) = 3\ln|2-x|$;
   (c) $F(x) = \frac{1}{3}\ln|2-x| + k$;
   (d) $F(x) = 1 - 3\ln(x-2)$.

2. La dérivée de la fonction g, définie par $g(x) = e^{2x}\ln x$, sur $]0, +\infty[$, est :
   (a) $2e^x \ln x + \frac{e^{2x}}{x}$;
   (b) $2e^{2x}\ln x$;
   (c) $2e^{2x}\ln x + \frac{e^{2x}}{x}$;
   (d) $\frac{e^{2x}}{x}$.

3. La fonction $x \mapsto \frac{1}{x}$ est :
   (a) décroissante sur $\mathbb{R}^*$;
   (b) croissante sur $\mathbb{R}^*$;
   (c) décroissante sur $]2, +\infty[$;
   (d) décroissante sur $]-3, 0[\cup]0, +\infty[$.

Exercice 2 : Série statistique des moyennes d'une classe.

Les décisions d'un conseil de classe de fin d'année sont les suivantes selon les tranches de moyennes :
— pour une moyenne de l'intervalle $[0, 7[$, l'élève est exclu ;
— pour une moyenne de l'intervalle $[7, 10[$, l'élève redouble la classe ;
— pour une moyenne de l'intervalle $[10, 14[$, l'élève est admis en classe supérieure sans bourse ;
— pour une moyenne de l'intervalle $[14, 20[$, l'élève est admis en classe supérieure avec bourse.

Les effectifs de chacune de ces tranches de moyennes dans cette classe sont consignés dans le tableau ci-dessous.

Moyennes	[0, 7[	[7, 10[	[10, 14[	[14, 20[
Effectifs	6	18	24	12

1. Représenter les décisions du conseil de cette classe par un diagramme circulaire.
2. Calculer la moyenne $\overline{x}$ de cette classe.
3. Déterminer la classe modale et calculer la médiane de cette série statistique.
4. Construire le polygone des effectifs cumulés croissants de cette série statistique. (On prendra 0,5 cm pour unité de moyenne et 1 cm pour 10 élèves.)

Exercice 3 : Tirage de boules d'une urne et calcul de probabilités.

Une urne contient 8 boules marquées 10, puis 4 boules marquées 15 et 3 boules marquées 20. Les boules sont indiscernables au toucher. On tire simultanément 3 boules de cette urne. Calculer la probabilité de chacun des évènements suivants :

1. A – « n'obtenir aucune boule marquée 10 » ;
2. B – « obtenir au moins une boule marquée 15 » ;
3. C – « obtenir une boule de chaque type » ;
4. D – « obtenir un total de 50 points ».

Exercice 4 : Somme d'un polynôme et de l'inverse de l'exponentielle.

Soit f la fonction numérique définie sur $\mathbb{R}$ par

$$f(x) = x - 2 + \frac{1}{e^x}$$

et $(\mathcal{C})$ sa courbe représentative dans le plan muni du repère orthonormé $\left(O, \vec{i}, \vec{j}\right)$. L'unité de longueur choisie sur les axes 2 cm.

1. (a) Calculer la limite de f en $+\infty$.

(b) Vérifier que, pour tout nombre réel x non nul,
$$f(x) = x\left(1 - \frac{2}{x} + \frac{1}{xe^x}\right).$$

(c) En déduire que $\lim\limits_{x \to -\infty} f(x) = +\infty$.

2. (a) Montrer que
$$f'(x) = \frac{e^x - 1}{e^x}$$
et étudier le sens de variation de f.

(b) Dresser le tableau de variation de f.

3. (a) Calculer $\lim\limits_{x \to +\infty} \bigl(f(x) - (x-2)\bigr)$.

(b) En déduire que la droite $(\mathcal{D})$ d'équation $y = x - 2$ est asymptote oblique à $(\mathcal{C})$ quand x tend vers $+\infty$.

4. Étudier les positions relatives de $(\mathcal{C})$ et $(\mathcal{D})$.

5. Construire $(\mathcal{C})$ et $(\mathcal{D})$ dans le repère $\bigl(O, \vec{i}, \vec{j}\bigr)$.

1.2. Corrigé 2009

Solution de l'Exercice 1.

I.

1.

Pour résoudre le système d'équations
$$\begin{cases} 2x + y = 1, \\ 5x + 3y = 4, \end{cases} \quad \textbf{(S)}$$

nous pouvons utiliser la *méthode par substitution*. À cet effet, observons tout d'abord que la première équation $2x + y = 1$ est équivalente à $y = 1 - 2x$. Ensuite, nous substituons y dans la seconde équation $5x + 3y = 4$. Cela induit
$$4 = 5x + 3(1 - 2x) = 5x + 3 - 6x = 3 - x,$$

puis $x = 3 - 4 = -1$. D'où $y = 1 - 2 \cdot (-1) = 1 + 2 = 3$. Ainsi, si un couple de réels (x, y) est une solution du système (**S**), alors $(x, y) = (-1, 3)$. Au demeurant,

$$2 \times (-1) + 3 = -2 + 3 = 1 \qquad \text{et} \qquad 5 \times (-1) + 3 \times 3 = -5 + 9 = 4.$$

Le couple $(-1, 3)$ est donc l'unique solution du système (**S**).

Ce résultat peut également être obtenu au moyen de la *méthode par combinaison linéaire*. À cet effet, il suffit de multiplier la première équation du système par -5 et la seconde par 2. Nous obtenons alors le système équivalent suivant :

$$\begin{cases} -10x - 5y = -5, \\ 10x + 6y = 8. \end{cases}$$

En additionnant les deux équations de ce dernier système et en conservant la première équation, nous obtenons

$$\begin{cases} -10x - 5y = -5, \\ y = 3. \end{cases}$$

Le système initial (**S**) est donc équivalent à

$$-10x - 5 \times 3 = -5 \qquad \text{et} \qquad y = 3,$$

c'est-à-dire $-10x = -5 + 5 \times 3 = 10$ et $y = 3$. Il en résulte que l'ensemble solution du système (**S**) est

$$\big\{(-1, 3)\big\}.$$

2.

Un couple (x, y) de réels est solution du système

$$\begin{cases} 2 \ln x + \ln y = 1, \\ 5 \ln x + 3 \ln y = 4, \end{cases} \qquad (\mathbf{S'})$$

si et seulement si $x > 0$ et $y > 0$, puis le couple $(\ln x, \ln y)$ est solution du système (**S**), c'est-à-dire $x > 0$ et $y > 0$, puis $(\ln x, \ln y) = (-1, 3)$. Cependant, l'égalité $\ln x = -1$ est équivalente à $x = e^{-1} = \frac{1}{e}$. Du reste,

$\ln y = 3$ si et seulement si $y = e^3$. L'ensemble solution du système (**S**$'$) est donc
$$\left\{\left(\tfrac{1}{e}, e^3\right)\right\}.$$

II.
1.
Soit f la fonction définie sur $]2, +\infty[$ par $f(x) = \frac{3}{2-x}$. Alors,
$$f(x) = \frac{-3}{x-2} = -3 \cdot \frac{(x-2)'}{x-2}.$$
De ce fait, toute la primitive de f a la forme
$$F(x) = -3\ln|x-2| + k = -3\ln(x-2) + k,$$
où k est une constante réelle ; car $|x-2| = x-2$ pour tout réel $x \in]2, +\infty[$. Donc, la fonction F, définie sur $]2, +\infty[$ par
$$F(x) = 1 - 3\ln(x-2),$$
est une primitive de la fonction f. Autrement dit, (**d**) est la réponse juste de la question (**1**).

2.
Soit g la fonction définie par $g(x) = e^{2x}\ln x$ sur $]0, +\infty[$. Alors,
$$g'(x) = (e^{2x})'\ln x + e^{2x}(\ln x)' = 2e^{2x}\ln x + e^{2x} \cdot \frac{1}{x} = 2e^{2x}\ln x + \frac{e^{2x}}{x}$$
pour chaque $x \in]0, +\infty[$. Par conséquent, la réponse correcte à cette question (**2**) est (**c**).

3.
La fonction $x \mapsto \frac{1}{x}$ a pour dérivée la fonction $x \mapsto -\frac{1}{x^2}$. Cette dernière est strictement négative pour tout réel non nul x. La fonction $x \mapsto \frac{1}{x}$ est de ce fait strictement décroissante sur chacun des intervalles $]-\infty, 0[$ et $]0, +\infty[$. Elle est donc à fortiori décroissante sur $]2, +\infty[$. Au demeurant, $\frac{1}{x} < 0$ si $x < 0$, tandis que $\frac{1}{x} > 0$ si $x > 0$. La fonction $x \mapsto \frac{1}{x}$ n'est donc pas monotone sur $\mathbb{R}^*$ ou sur $]-3, 0[\cup]0, +\infty[$. Ainsi, la réponse juste à cette troisième question est (**c**).

Solution de l'Exercice 2.

La série statistique à étudier est constituée de quatre couples (t_i, n_i) avec $i \in \{1, 2, 3, 4\}$, où t_i est une tranche de moyennes et n_i l'effectif des élèves ayant des moyennes dans la tranche de moyennes t_i.

1.

Pour représenter les décisions du conseil de classe par un diagramme circulaire, il sied de déterminer les mesures en degré respectives des secteurs circulaires associés aux tranches de moyennes t_i. À cet effet, notons que l'effectif total de la classe est

$$N = n_1 + n_2 + n_3 + n_4 = 6 + 18 + 24 + 12 = 60.$$

De ce fait, sur le diagramme circulaire, la mesure de l'angle du secteur circulaire associé à la tranche t_i est

$$\alpha_i = \frac{n_i \times 360°}{N} = \frac{n_i \times 360°}{60} = (6n_i)°.$$

Cette formule livre des résultats qui sont reportés dans le tableau ci-dessous.

Tranches de moyennes (t_i)	[0, 7[	[7, 10[	[10, 14[	[14, 20[	**Total**
Centres (x_i)	3,5	8,5	12	17	
Effectifs (n_i)	6	18	24	12	**60**
Angles associés (α_i)	36°	108°	144°	72°	**360°**
$n_i x_i$	21	153	288	204	**666**

Le schéma 1.1 à la page 8 présente le diagramme circulaire correspondant à ces données.

2.

Pour déterminer la moyenne $\overline{x}$ des notes moyennes de cette classe, il sied de multiplier le centre de chaque tranche par l'effectif de ladite tranche, puis de diviser la somme des résultats obtenus, consignés dans le tableau précédent, par le total des effectifs. La moyenne recherchée est donc

$$\overline{x} = \frac{1}{N} \cdot \sum_{i=1}^{4} n_i x_i = \frac{1}{60} \times 666 = 11{,}1.$$

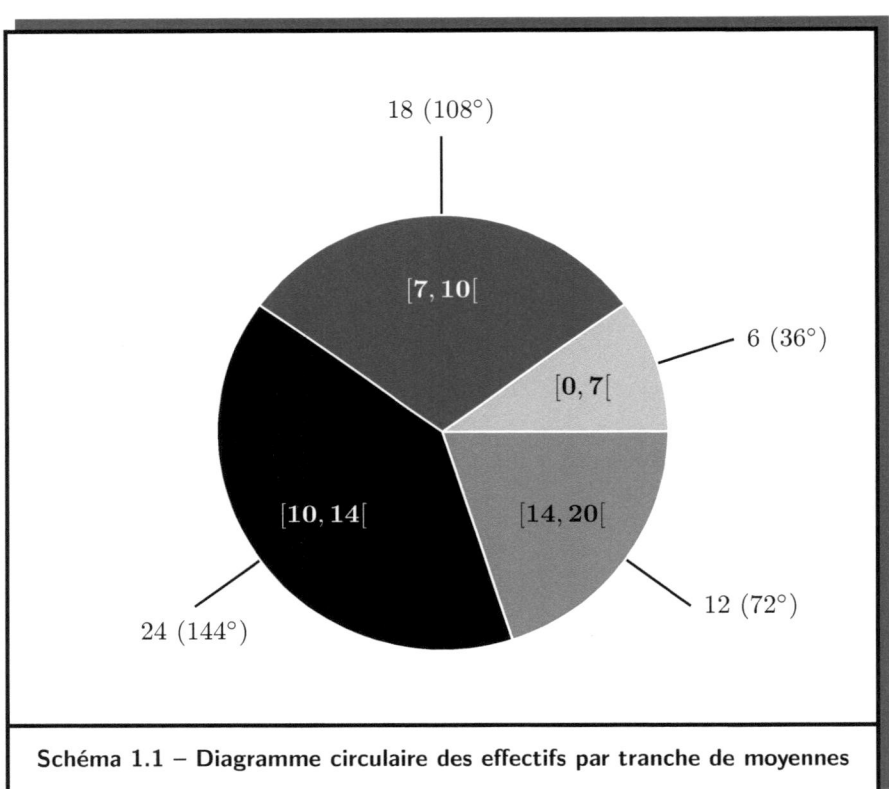

Schéma 1.1 – Diagramme circulaire des effectifs par tranche de moyennes

3.

La classe modale de cette série statistique est la tranche $[10, 14[$. Elle a en effet le plus grand effectif ; notamment 24.

En amont du calcul de la médiane de cette série statistique, nous dressons le tableau des effectifs cumulés croissants.

Tranches (t_i)	$[0, 7[$	$[7, 10[$	$[10, 14[$	$[14, 20[$
Effectifs (n_i)	6	18	24	12
Effectifs cumulés croissants	6	24	48	60

Soit M_e la médiane, puis f la fonction ayant pour représentation graphique le polygone des effectifs cumulés croissants de la série. Alors, $10 \leq M_e < 14$, eu égard au tableau ci-dessus. De plus,

$$f(M_e) = \frac{N}{2} = \frac{60}{2} = 30.$$

En outre, par définition, l'effectif cumulé croissant de la moyenne 10 est 24, et celui de 14 est 48. Autrement dit, $f(10) = 24$ et $f(14) = 48$. De ce fait, sur le polygone des effectifs cumulés croissants, le point de coordonnées $(M_e, 30)$ appartient au segment ayant pour extrémités les points de coordonnées respectives $(10, 24)$ et $(14, 48)$. Il en résulte que

$$\frac{30 - 24}{M_e - 10} = \frac{48 - 24}{14 - 10},$$

c'est-à-dire

$$\frac{6}{M_e - 10} = \frac{24}{4} = 6.$$

Par conséquent, $M_e - 10 = 1$. La médiane de la série statistique est donc

$$M_e = 11.$$

4.

Le polygone des effectifs cumulés croissants de cette série statistique est représenté sur le schéma 1.2 à la page 10, avec 0,5 cm pour unité de moyenne sur l'axe des abscisses et 1 cm pour 10 élèves sur l'axe des ordonnées. Il a pour sommets les points de coordonnées respectives

$$(0, 0), \quad (7, 6), \quad (10, 24), \quad (14, 48) \quad \text{et} \quad (20, 60).$$

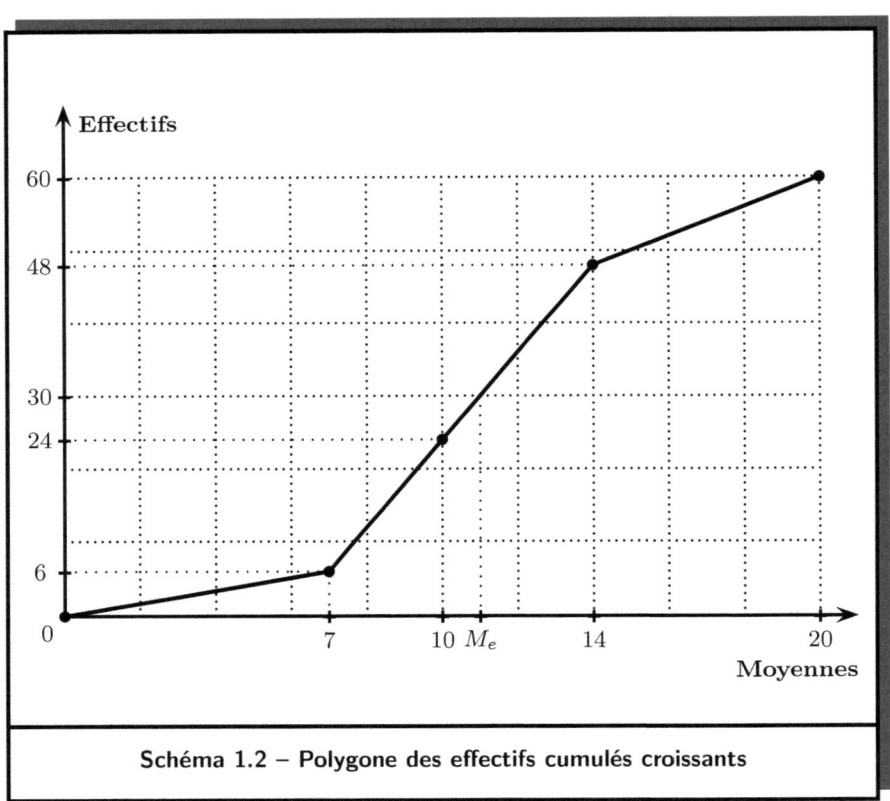

Schéma 1.2 – Polygone des effectifs cumulés croissants

Solution de l'Exercice 3.

Soit Ω l'univers associé à cette épreuve aléatoire. L'urne contenant au total 15 boules, chaque tirage est une combinaison de 3 parmi 15. Par conséquent,
$$\operatorname{card}(\Omega) = \mathbf{C}_{15}^3 = 455.$$

1.

Pour réaliser l'évènement A – « n'obtenir aucune boule marquée 10 », il faut tirer 3 boules parmi les 4 boules marquées 15 et les 3 boules estampillées 20, c'est-à-dire parmi les 7 boules restantes lorsqu'on exclut les 8 boules marquées 10. Le nombre de tirages favorables à la réalisation de l'évènement A est de ce fait le nombre de combinaisons de 3 dans 7. Autrement dit,
$$\operatorname{card}(A) = \mathbf{C}_7^3 = 35.$$
De ce fait, la probabilité de l'évènement A est
$$\mathbb{P}(A) = \frac{35}{455} = \frac{1}{13} \approx 0{,}076.$$

2.

L'évènement B – « obtenir au moins une boule marquée 15 », a pour évènement contraire $\overline{B}$ – « n'obtenir aucune boule marquée 15 ». Dans l'urne, il y a exactement $8 + 3 = 11$ boules ne portant pas le nombre 15. Ainsi,
$$\operatorname{card}\left(\overline{B}\right) = \mathbf{C}_{11}^3 = 165 \qquad \text{et} \qquad \mathbb{P}\left(\overline{B}\right) = \frac{165}{455}.$$
puis
$$\mathbb{P}(B) = 1 - \mathbb{P}\left(\overline{B}\right) = 1 - \frac{165}{455} = \frac{290}{455} = \frac{58}{91} \approx 0{,}637.$$

De manière alternative, notons que l'évènement B – « obtenir au moins une boule marquée 15 », est à la réunion des évènements incompatibles suivants :

B_1 – « obtenir exactement une boule marquée 15 » ;
B_2 – « obtenir exactement deux boules marquées 15 » ;
B_3 – « obtenir exactement trois boules marquées 15 ».

De ce fait,
$$\operatorname{card}(B) = \operatorname{card}(B_1) + \operatorname{card}(B_2) + \operatorname{card}(B_3) = \mathbf{C}_4^1 \cdot \mathbf{C}_{11}^2 + \mathbf{C}_4^2 \cdot \mathbf{C}_{11}^1 + \mathbf{C}_4^3$$
$$= 4 \times 55 + 6 \times 11 + 4 = 220 + 66 + 4 = 290.$$

Il en découle que la probabilité de l'évènement B est
$$\mathbb{P}(B) = \frac{290}{455} = \frac{58}{91} \approx 0{,}637.$$

3.

Pour obtenir une boule de chaque type dans un tirage, il faut tirer une boule marquée 10, une autre estampillée 15, et une dernière notée 20. Le nombre total de pareils tirages est
$$\mathbf{C}_8^1 \times \mathbf{C}_4^1 \times \mathbf{C}_3^1 = 8 \times 4 \times 3 = 96.$$

Ce nombre est le cardinal de l'ensemble associé à l'évènement C – « obtenir une boule de chaque type ». La probabilité de C est donc
$$\mathbb{P}(C) = \frac{96}{455} \approx 0{,}21.$$

4.

Les sommes possibles des trois numéros d'un tirage simultané sont listées sur l'arbre des cas, représenté sur le schéma 1.3 à la page 13. Compte tenu de cet arbre, un tirage livre un total de 50 points si et seulement s'il est constitué, soit d'une boule marquée 10 et deux estampillées 20, soit de deux boules portant 15 et une notée 20. Autrement dit, l'évènement D – « obtenir un total de 50 points », est la réunion des évènements incompatibles suivants :

D_1 – « obtenir une boule marquée 10 et deux boules marquées 20 » ;
D_2 – « obtenir deux boules marquées 15 et une estampillées 10 ».

Ainsi,
$$\operatorname{card}(D) = \operatorname{card}(D_1) + \operatorname{card}(D_2) = \mathbf{C}_8^1 \cdot \mathbf{C}_3^2 + \mathbf{C}_4^2 \cdot \mathbf{C}_1^3 = 42.$$

Par conséquent, la probabilité de l'évènement D est
$$\mathbb{P}(D) = \frac{42}{455} \approx 0{,}092.$$

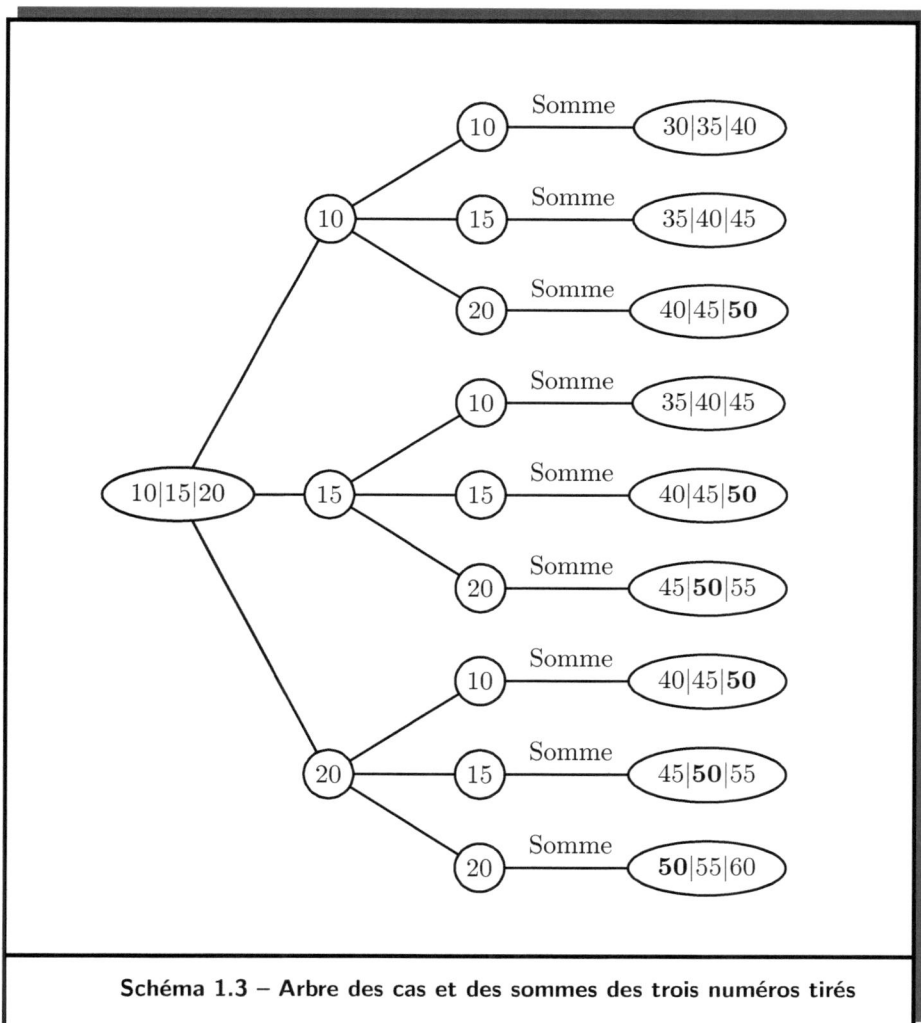

Schéma 1.3 – Arbre des cas et des sommes des trois numéros tirés

Solution de l'Exercice 4.

Soit f la fonction définie sur $\mathbb{R}$ par $f(x) = x - 2 + \dfrac{1}{e^x}$, et $(\mathcal{C})$ sa courbe représentative dans le plan muni du repère orthonormé $\left(O, \vec{i}, \vec{j}\right)$.

1.

(a) Notoirement, $\lim\limits_{x \to +\infty} e^x = +\infty$. Il en résulte que $\lim\limits_{x \to +\infty} \dfrac{1}{e^x} = 0$. Par ailleurs, $\lim\limits_{x \to +\infty} (x-2) = \lim\limits_{x \to +\infty} x = +\infty$. D'où

$$\lim_{x \to +\infty} f(x) = \lim_{x \to +\infty} \left(x - 2 + \dfrac{1}{e^x}\right) = +\infty.$$

(b) Soit x un nombre réel non nul. Alors,

$$f(x) = x - \dfrac{2}{x} \cdot x + \dfrac{1}{xe^x} \cdot x = x\left(1 - \dfrac{2}{x} - \dfrac{1}{xe^x}\right).$$

(c) Nous savons que $\lim\limits_{x \to -\infty} \dfrac{1}{x} = 0$ et $\lim\limits_{x \to -\infty} xe^x = 0^-$. De ce fait,

$$\lim_{x \to -\infty} \dfrac{2}{x} = 0 \quad \text{et} \quad \lim_{x \to -\infty} \dfrac{1}{xe^x} = -\infty,$$

puis

$$\lim_{x \to -\infty} \left(1 - \dfrac{2}{x} - \dfrac{1}{xe^x}\right) = -\infty.$$

Il s'esuit que

$$\lim_{x \to -\infty} f(x) = \lim_{x \to -\infty} x\left(1 - \dfrac{2}{x} - \dfrac{1}{xe^x}\right) = -\infty \times -\infty = +\infty.$$

2.

(a) Soit x un nombre réel. Alors,

$$f'(x) = \left(x - 2 + \dfrac{1}{e^x}\right)' = (x-2)' + \left(\dfrac{1}{e^x}\right)' = 1 - \dfrac{(e^x)'}{(e^x)^2} = 1 - \dfrac{e^x}{(e^x)^2}.$$

Pour chaque $x \in \mathbb{R}$, nous avons donc
$$f'(x) = 1 - \frac{1}{e^x} = \frac{e^x - 1}{e^x}.$$

Cette dérivée $f'(x)$ a le signe et les racines de $e^x - 1$. Cependant, $e^x - 1$. Cependant, $e^x - 1 = 0$ si et seulement si $e^x = 1$, c'est-à-dire $x = 0$. En outre, eu égard à la croissante stricte de la fonction exponentielle, l'inégalité $e^x - 1 < 0$ est équivalente à $e^x < e^0$ et $x < 0$, tandis que $e^x - 1 > 0$ équivaut à $e^x > e^0$ et $x > 0$. Donc,

$$\begin{cases} f'(x) < 0 & \text{si } x < 0, \\ f'(x) = 0 & \text{si } x = 0, \\ f'(x) > 0 & \text{si } x > 0. \end{cases}$$

La fonction f est par conséquent strictement décroissante sur $]-\infty, 0]$ et strictement croissante sur $[0, +\infty[$. Du reste, sa courbe $(\mathcal{C})$ admet une tangente horizontale au point d'abscisse 0.

(b) L'image de 0 par la fonction f est
$$f(0) = 0 - 2 + \frac{1}{e^0} = -2 + \frac{1}{1} = -2 + 1 = -1.$$

Ce fait et les informations glanées en amont permettent de dresser la tableau de variation suivant :

x	$-\infty$		0		$+\infty$
$f'(x)$		$-$	0	$+$	
$f(x)$	$+\infty$	$\searrow$	-1	$\nearrow$	$+\infty$

3.

(a) À l'évidence,
$$f(x) - (x-2) = \frac{1}{e^x}$$
pour tout réel x. De ce fait,
$$\lim_{x \to +\infty} \Big(f(x) - (x-2)\Big) = \lim_{x \to +\infty} \frac{1}{e^x} = 0.$$

(b) La droite $(\mathcal{D})$ d'équation $y = x - 2$ est donc asymptote oblique à $(\mathcal{C})$ quand x tend vers $+\infty$.

4.

Pour chaque réel x, nous avons
$$f(x) - (x-2) = \frac{1}{e^x} > 0,$$
car la fonction exponentielle est strictement positive. Il en résulte que la courbe $(\mathcal{C})$ est au-dessus de la droite $(\mathcal{D})$ sur $\mathbb{R}$.

5.

Pour tracer une droite, il suffit de considérer deux de ses points. Dans cet esprit, le tableau suivant révèle les coordonnées respectives de deux points de la droite $(\mathcal{D})$.

x	0	2
$x - 2 = y$	-2	0

Dans une perspective similaire, pour un tracé soigné de la courbe $(\mathcal{C})$, nous proposons la table des valeurs f suivante.

x	$-1{,}5$	-1	$-0{,}5$	0	0,5	1	1,5	2
$f(x)$	0,98	$-0{,}28$	$-0{,}85$	-1	$-0{,}89$	$-0{,}63$	$-0{,}27$	0,13

La courbe $(\mathcal{C})$ et la droite $(\mathcal{D})$ sont représentées dans un repère orthonormé $\left(O, \vec{i}, \vec{j}\right)$, avec 2 cm pour unité sur les axes (voir le schéma 1.4 à la page 17).

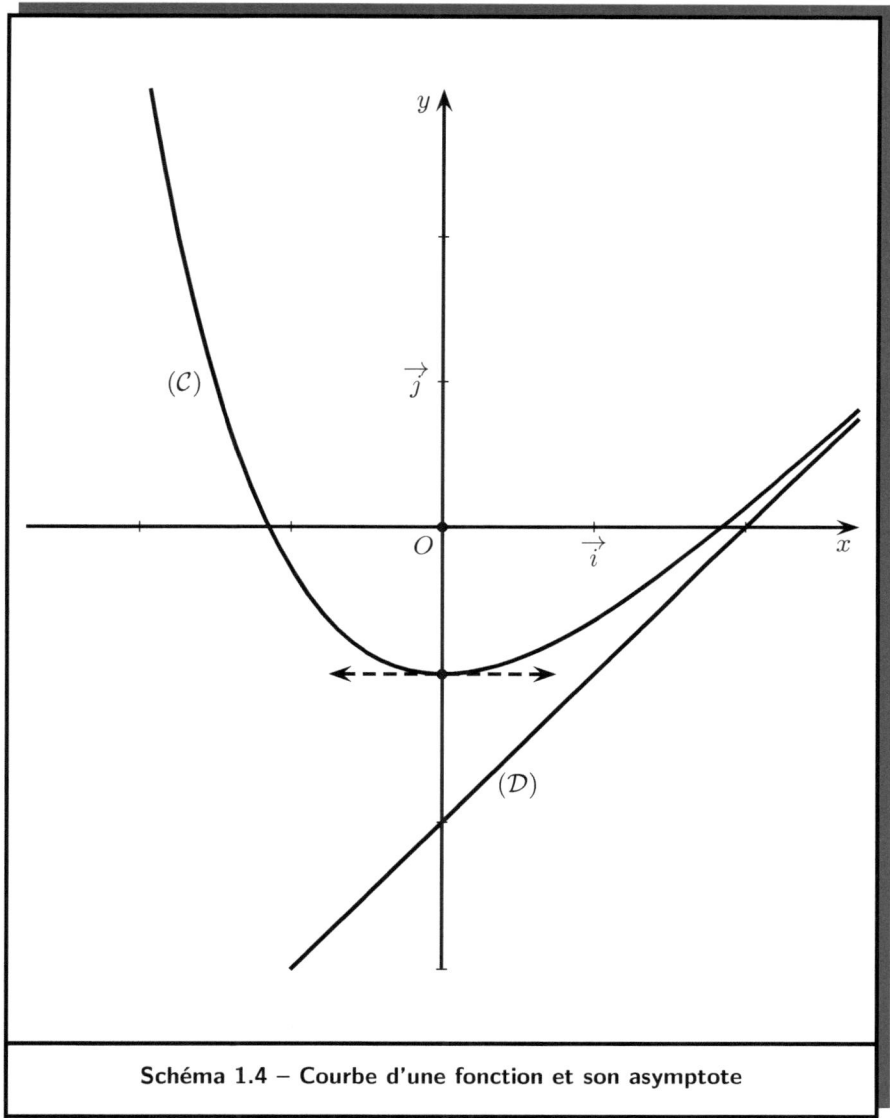

Schéma 1.4 – Courbe d'une fonction et son asymptote

1.3. Notes et commentaires sur le sujet 2009

Dans cette section, nous revenons sur l'Exercice 2 à la page 2, consacré à l'étude d'une série statistique présentant un regroupement en classes. Précisément, nous prenons le prétexte de la question **(3)** de cet exercice pour disserter sur des méthodes de détermination de la médiane de telles séries.

Médiane des séries statistiques à modalités regroupées en classes

Soit $\mathfrak{S}$ une série statistique ayant p classes de bornes $a_0, a_1, a_2, \ldots, a_p$ avec $a_0 < a_1 < a_2 < \cdots < a_p$. Alors,

$$\mathfrak{S} = \Big([a_{i-1}, a_i[, n_i\Big)_{1 \leq i \leq p},$$

où n_i est l'effectif de la classe $[a_{i-1}, a_i[$ pour chaque index $i \in \{1, 2, \ldots, p\}$. Dans le jargon des statisticiens, ceci signifie que n_i est le nombre d'individus de *modalité* appartenant à l'intervalle $[a_{i-1}, a_i[$. Du reste, l'*effectif total* des individus de cette série statistique est

$$N = \sum_{i=1}^{p} n_i = n_1 + n_2 + \cdots + n_p.$$

La **médiane** de cette série $\mathfrak{S}$ est le réel $M_e \in [a_0, a_p]$ tel que $\frac{N}{2}$ soit égal à la fois au nombre d'individus de modalité inférieure à M_e, et au nombre d'individus de modalité supérieure à M_e.

À première vue, cette définition de la médiane est sibylline. Le concept d'effectif cumulé permet toutefois de la décrypter.

Médiane et polygone des effectifs cumulés croissants

Pour chaque index $j \in \{1, 2, \ldots, p\}$, l'*effectif cumulé croissant* de la classe $[a_{j-1}, a_j[$ de la série statistique $\mathfrak{S}$ est le nombre entier

$$b_j = \sum_{i=1}^{j} n_i = n_1 + \cdots + n_j.$$

Autrement dit, b_j est la somme de l'effectif de la classe $[a_{j-1}, a_j[$ et des effectifs de toutes les classes inférieures. De ce fait, en posant $b_0 = 0$, nous obtenons
$$b_j - b_{j-1} = n_j$$
pour tout $j \in \{1, 2, \ldots, p\}$.

Le plan étant rapporté à un repère orthogonal, soient les points $Q_i(a_i, b_i)$ avec $0 \leq i \leq p$, c'est-à-dire
$$Q_0(a_0, b_0), \qquad Q_1(a_1, b_1), \qquad \ldots, \qquad Q_p(a_p, b_p).$$
Alors, la réunion des segments $[Q_0 Q_1]$, $[Q_1 Q_2]$, …, et $[Q_{p-1} Q_p]$, c'est-à-dire
$$\bigcup_{i=1}^{p} [Q_{i-1} Q_i] = [Q_0 Q_1] \cup [Q_1 Q_2] \cup \cdots \cup [Q_{p-1} Q_p],$$
est appelée *polygone des effectifs cumulés croissants* de la série statistique $\mathfrak{S}$.

Ce polygone des effectifs cumulés croissants est le graphe de la fonction f, bijective, continue et strictement croissante, définie par morceaux, de $[a_0, a_p]$ vers $[0, N] = [b_0, b_p]$, par
$$f(x) = \frac{b_i - b_{i-1}}{a_i - a_{i-1}}(x - a_{i-1}) + b_{i-1} \quad \text{si} \quad x \in [a_{i-1}, a_i]$$
pour tout $i \in \{1, 2, \ldots, p\}$. De ce fait, sa réciproque est donnée par
$$f^{-1}(x) = \frac{a_i - a_{i-1}}{b_i - b_{i-1}}(x - b_{i-1}) + a_{i-1} \quad \text{si} \quad x \in [b_{i-1}, b_i]$$
pour tout $i \in \{1, 2, \ldots, p\}$. Au demeurant, l'image par f de chaque réel $x \in [a_0, a_p]$ correspond au nombre d'individus de modalité inférieure à x. En particulier, le nombre d'individus de modalité inférieure à $f^{-1}\left(\frac{N}{2}\right)$ est
$$f\left(f^{-1}\left(\tfrac{N}{2}\right)\right) = \tfrac{N}{2}$$
et, fatalement, le nombre d'individus de modalité supérieure à $f^{-1}\left(\frac{N}{2}\right)$ est $\frac{N}{2}$. La médiane de la série statistique $\mathfrak{S}$ est donc
$$M_e = f^{-1}\left(\tfrac{N}{2}\right).$$

Cependant, il existe un indice $k \in \{1, 2, \ldots, p\}$ tel que $\frac{N}{2} \in [b_{k-1}, b_k]$. D'où

$$M_e = \frac{a_k - a_{k-1}}{b_k - b_{k-1}} \left(\frac{N}{2} - b_{k-1} \right) + a_{k-1}. \tag{1.1}$$

La médiane de la série statistique $\mathfrak{S}$ est ainsi exprimée en fonction d'effectifs cumulés croissants.

Conclusion : méthodes de détermination de la médiane

Les développements menés ci-dessus livrent deux méthodes de détermination de la médiane : la première algébrique et précise, la seconde graphique et approximative.

> **Première méthode (algébrique) :**
>
> 1. Dressez le tableau des effectifs cumulés croissants.
> 2. Identifiez la classe $[a_{k-1}, a_k[$, dont l'effectif cumulé croissant b_k est le plus petit des effectifs supérieurs ou égaux à $\frac{N}{2}$.
> 3. Marquez b_k, ainsi que b_{k-1}, l'effectif cumulé croissant de la classe précédant $[a_{k-1}, a_k[$ (par convention $b_{k-1} = b_0 = 0$ si $k = 1$).
> 4. Calculez la médiane
>
> $$M_e = \frac{a_k - a_{k-1}}{b_k - b_{k-1}} \left(\frac{N}{2} - b_{k-1} \right) + a_{k-1}.$$

Cette méthode a été mise à contribution dans la Solution de l'Exercice 2 à la page 7). La série statistique étudiée dans cet exercice comporte quatre classes. Le tableau de ses effectifs cumulés croissants est repris ci-dessous :

Indices (i)	1	2	3	4
Classes ($[a_{i-1}, a_i[$)	$[0, 7[$	$[7, 10[$	$[10, 14[$	$[14, 20[$
Effectifs (n_i)	6	18	24	12
Effectifs cumulés croissants (b_i)	6	24	48	60

La troisième classe $[a_2, a_3[= [10.14[$ est celle ayant le plus petit des effectifs supérieurs ou égaux à $\frac{N}{2} = 30$. Cet effectif est $b_3 = 48$. Celui de la classe précédant $[a_2, a_3[$ est $b_2 = 24$. La médiane de la série statistique est donc

$$\begin{aligned} M_e = \frac{a_3 - a_2}{b_3 - b_2}\left(\frac{N}{2} - b_2\right) + a_2 &= \frac{14 - 10}{48 - 24} \cdot (30 - 24) + 10 \\ &= \frac{4}{24} \cdot 6 + 10 \\ &= 1 + 10 \\ &= 11. \end{aligned}$$

> **Deuxième méthode (graphique) :**
> 1. Dressez le tableau des effectifs cumulés croissants.
> 2. Dans un repère orthogonal, tracez le polygone des effectifs cumulés croissants.
> 3. Sur ce polygone, marquez le point d'ordonnée $\frac{N}{2}$.
> 4. Faites la projection orthogonale de ce point sur l'axe des abscisses, et déterminez ainsi son abscisse M_e, la médiane de la série.

Le schéma 1.2 à la page 10 illustre cette méthode graphique, dans le cas de la série statistique de l'Exercice 2.

Chapitre 2

Session 2010

2.1. Sujet 2010

Ce sujet se compose de deux exercices et d'un problème, tous obligatoires.

Exercice 1 : Équations dans l'ensemble des nombres réels.

1. Résoudre dans $\mathbb{R}$ l'équation
$$x^2 + x - 30 = 0. \qquad (\mathbf{E})$$

2. En déduire dans $\mathbb{R}$ les solutions des équations suivantes :
   (a) $\ln(x-1) + \ln(x+2) = \ln 28$.
   (b) $e^x - 30e^{-x} + 1 = 0$.

Exercice 2 : Évolution du prix du kilogramme de viande.

Le tableau ci-dessous donne l'évolution du prix du kilogramme de viande dans une ville du pays de 1992 à 2001.

Année	Prix en FCFA
1992	1300
1993	1350
1994	1360
1995	1405
1996	1440
1997	1455
1998	1500
1999	1510
2000	1560
2001	1600

1. En prenant dans un repère convenablement choisi, 1 cm pour un an en abscisses et 1 cm pour 50 FCFA en ordonnées, représenter graphiquement le nuage de points de cette série statistique.
2. Déterminer le point moyen G.
3. En utilisant la méthode de MAYER, donner une équation cartésienne de la droite d'ajustement de cette série.
4. Quelle prévision faites-vous sur le prix du kilogramme de viande en 2007 ?

Problème : Composée d'un polynôme et de l'exponentielle.

On considère la fonction numérique f de la variable x, définie par
$$f(x) = -\frac{1}{2}e^{2x} + e^x.$$
Dans le plan rapporté au repère $\left(O, \vec{i}, \vec{j}\right)$, la courbe représentative de f est désignée par $(\mathcal{C})$.

1. Calculer $f(0)$ et $f(\ln 2)$.
2. Étudier les limites de $f(x)$ quand x tend vers l'infini ; on pourra écrire $f(x)$ sous la forme
$$f(x) = e^x\left(-\frac{1}{2}e^x + 1\right).$$

3. Calculer $f'(x)$ et dresser le tableau de variation de f.
4. Déterminer une équation cartésienne de la tangente $(\mathcal{T})$ à $(\mathcal{C})$ au point d'abscisse $\ln 2$.
5. Compléter le tableau ci-dessous :

x	-2	-1	0	1	2
$f(x)$					

6. Tracer $(\mathcal{T})$ et $(\mathcal{C})$ dans le même repère orthonormé $\left(O, \vec{i}, \vec{j}\right)$ d'unité 2 cm.
7. Déterminer sur $\mathbb{R}$ la forme générale de toutes les primitives de f ; en déduire la primitive de f qui s'annule en $x_0 = \ln 2$.

2.2. Corrigé 2010

Solution de l'Exercice 1.

1.

L'équation du second degré à une inconnue
$$x^2 + x - 30 = 0 \qquad (\mathbf{E})$$
a pour discriminant
$$\Delta = 1^2 - 4 \times 1 \times (-30) = 1 + 120 = 121 = 11^2.$$
Ses solutions réelles sont donc
$$x_1 = \frac{-1 - \sqrt{11^2}}{2} = \frac{-1 - 11}{2} = -\frac{12}{2} = -6$$
et
$$x_2 = \frac{-1 + \sqrt{11^2}}{2} = \frac{-1 + 11}{2} = \frac{10}{2} = 5.$$
Autrement dit, l'ensemble solution des $(\mathbf{E})$ dans $\mathbb{R}$ est
$$S = \{-6, 5\}.$$

2.

(a) Nous considérons maintenant l'équation
$$\ln(x-1) + \ln(x+2) = \ln 28. \qquad (\mathbf{E_a})$$

L'expression $\ln(x-1) + \ln(x+2)$ a un sens si et seulement si $x-1 > 0$ et $x+2 > 0$, c'est-à-dire $x > 1$ et $x > -2$. Ceci signifie que $x > 1$. Le cas échéant,
$$\ln(x-1) + \ln(x+2) = \ln\bigl((x-1)(x+2)\bigr) = \ln\bigl(x^2 - x - 2\bigr).$$

Ainsi, un réel x est solution de l'équation ($\mathbf{E_a}$) si et seulement si
$$x > 1 \quad \text{et} \quad \ln(x^2 - x - 2) = \ln 28,$$

c'est-à-dire $x > 1$ et $\ln(x^2 - x - 2) = \ln 28$, ou encore si
$$x > 1 \quad \text{et} \quad x^2 - x - 30 = 0.$$

De ce fait, les solutions réelles de ($\mathbf{E_a}$) sont celles ($\mathbf{E}$) qui sont strictement supérieures à 1. Par conséquent, l'ensemble solution de ($\mathbf{E_a}$) dans $\mathbb{R}$ est
$$S_a = \bigl\{5\bigr\}.$$

(b) À présent, soit l'équation
$$e^x - 30e^{-x} + 1 = 0. \qquad (\mathbf{E_b})$$

Elle est équivalente à
$$(e^x)^2 + e^x - 30 = 0.$$

En effet, pour tout réel x, nous avons
$$e^x - 30e^{-x} + 1 = \frac{(e^x)^2}{e^x} - \frac{30}{e^x} + \frac{e^x}{e^x} = \frac{(e^x)^2 + e^x - 30}{e^x}.$$

Ainsi, un réel x est solution de ($\mathbf{E_b}$) si et seulement si e^x est solution de ($\mathbf{E}$). Ceci équivaut à $e^x = 5$, c'est-à-dire $x = \ln 5$, car la fonction exponentielle est strictement positive. L'ensemble solution de l'équation ($\mathbf{E_b}$) est de ce fait
$$S_b = \bigl\{\ln 5\bigr\}.$$

Solution de l'Exercice 2.

Le tableau ci-dessous donne l'évolution du prix du kilogramme de viande dans une ville du pays de 1992 à 2001.

Année	Prix en FCFA
1992	1300
1993	1350
1994	1360
1995	1405
1996	1440
1997	1455
1998	1500
1999	1510
2000	1560
2001	1600

1.

Le schéma 2.1 à la page 28 présente le nuage de points de cette série statistique, dans un repère dont l'origine a pour coordonnées $(1992, 1200)$, avec 1 cm pour un an en abscisses et 1 cm pour 50 FCFA en ordonnées.

2.

Le point moyen G de cette série statistique a pour coordonnées

$$\overline{x} = \frac{1992 + 1993 + 1994 + 1995 + 1996 + 1997 + 1998 + 1999 + 2000 + 2001}{10}$$
$$= \frac{19\,965}{10} = 1\,996{,}5$$

et

$$\overline{y} = \frac{1300 + 1350 + 1360 + 1405 + 1440 + 1455 + 1500 + 1510 + 1560 + 1600}{10}$$
$$= \frac{14\,480}{10} = 1\,448.$$

Autrement dit, $G(1\,996{,}5;\,1\,448)$.

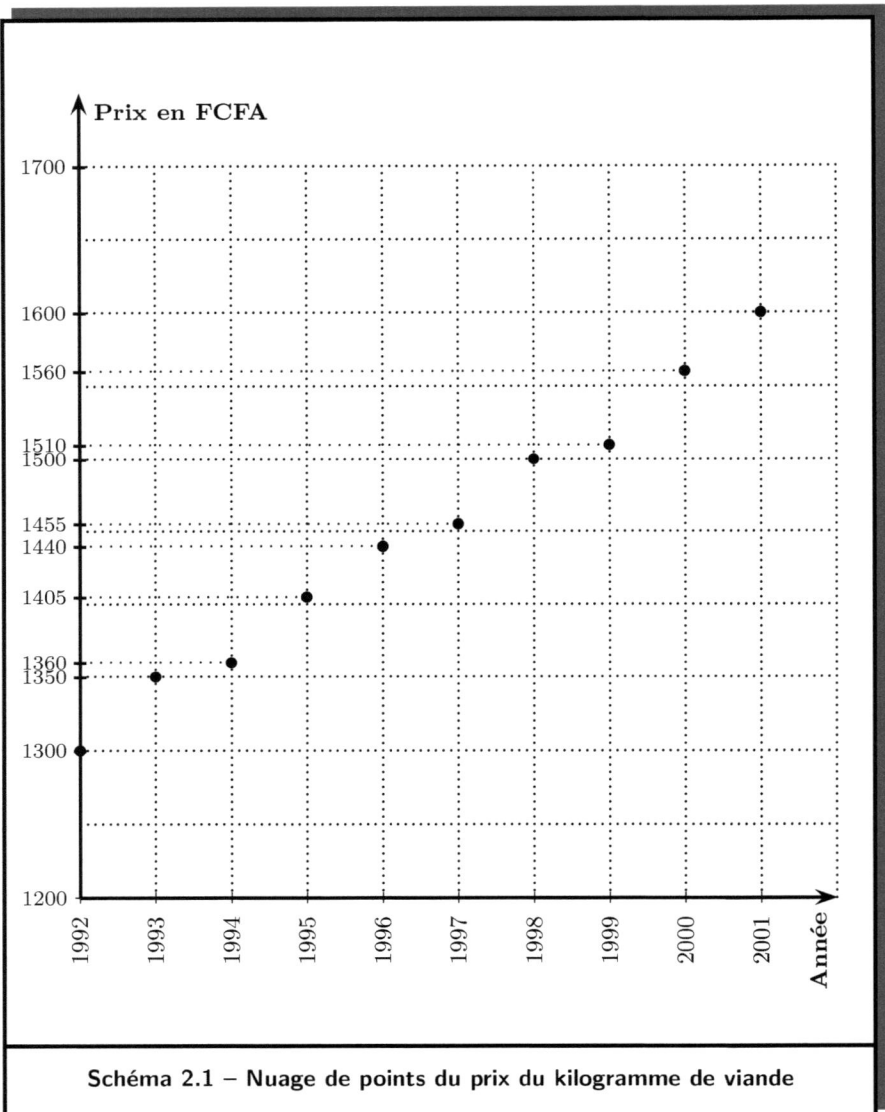

Schéma 2.1 – Nuage de points du prix du kilogramme de viande

3.

Soit la sous-série donnée par la tableau suivant :

Année (x)	1992	1993	1994	1995	1996
Prix en FCFA (y)	1300	1350	1360	1405	1440

Le point moyen G_1 de cette sous-série a pour abscisse

$$\overline{x_1} = \frac{1992 + 1993 + 1994 + 1995 + 1996}{5} = \frac{9\,970}{5} = 1\,994$$

et pour ordonnée

$$\overline{y_1} = \frac{1300 + 1350 + 1360 + 1405 + 1440}{5} = \frac{6\,855}{5} = 1\,371.$$

En d'autres termes, $G_1(1\,994, 1\,371)$. Par ailleurs, nous considérons la sous-série définie par le tableau suivant :

Année (x)	1997	1998	1999	2000	2001
Prix en FCFA (y)	1455	1500	1510	1560	1600

Le point moyen G_2 de cette sous-série a pour abscisse et ordonnée respectivement

$$\overline{x_2} = \frac{1997 + 1998 + 1999 + 2000 + 2001}{5} = \frac{19\,995}{5} = 1\,999$$

et

$$\overline{y_2} = \frac{1455 + 1500 + 1510 + 1560 + 1600}{5} = \frac{7\,625}{5} = 1\,525.$$

Autrement dit, $G_2(1\,999, 1\,525)$.

Selon la méthode de MAYER, la droite d'ajustement de série statistique étudiée ici est (G_1G_2). Un point $M(x,y)$ appartient à cette droite si et seulement si les vecteurs

$$\overrightarrow{G_1M}(x - 1\,994, y - 1\,371) \quad \text{et} \quad \overrightarrow{G_1G_2}(1\,999 - 1\,994, 1\,525 - 1\,371)$$

colinéaires, c'est-à-dire si

$$\frac{x-1\,994}{5} = \frac{y-1\,371}{154} \quad \text{et} \quad 154(x-1\,994) = 5(y-1\,371).$$

Par conséquent, la droite d'ajustement de MAYER de la série statistique est

$$(G_1G_2) : 154x - 5y - 300\,221 = 0.$$

4.

L'équation réduite de cette droite de MAYER est

$$y = \frac{154}{5}x - \frac{300\,221}{5}.$$

Elle permet de faire une prévision du prix du kilogramme de viande en 2007. Il suffit d'y remplacer x par 2007. En l'espèce,

$$y = \frac{154}{5} \times 2007 - \frac{300\,221}{5} = \frac{8\,857}{5} = 1\,771{,}4.$$

Donc, en 2007, le prix du kilogramme de viande sera de l'ordre de $1\,771{,}4$ FCFA.

Solution du Problème.

Soit la fonction numérique f de la variable x, définie par

$$f(x) = -\frac{1}{2}e^{2x} + e^x,$$

et $(\mathcal{C})$ sa courbe représentative dans le plan rapporté au repère $\left(O, \vec{i}, \vec{j}\right)$.

1.

Compte tenu des propriétés de l'exponentielle et du logarithme népérien, des calculs simples livrent

$$f(0) = -\frac{1}{2} \cdot e^0 + e^0 = -\frac{1}{2} + 1 = \frac{1}{2}$$

et

$$f(\ln 2) = -\frac{1}{2} \cdot e^{2\ln 2} + e^{\ln 2} = -\frac{1}{2} \cdot e^{\ln 4} + e^{\ln 2} = -\frac{4}{2} + 2 = 0.$$

2.

Pour chaque réel x, les égalités suivantes sont valides :
$$f(x) = -\frac{1}{2}e^{2x} + e^x = -\frac{1}{2}(e^x)^2 + e^x = e^x\left(-\frac{1}{2}e^x + 1\right).$$

De ce fait,
$$\lim_{x\to-\infty} f(x) = \lim_{x\to-\infty} e^x\left(-\frac{1}{2}e^x + 1\right) = 0 \times \left(-\frac{1}{2}\cdot 0 + 1\right)$$

et
$$\lim_{x\to+\infty} f(x) = \lim_{x\to+\infty} e^x\left(-\frac{1}{2}e^x + 1\right) = +\infty \times -\infty,$$

car $\lim_{x\to-\infty} e^x = 0$ et $\lim_{x\to+\infty} e^x = +\infty$. D'où
$$\lim_{x\to-\infty} f(x) = 0 \qquad \text{et} \qquad \lim_{x\to+\infty} f(x) = -\infty.$$

La première de ces deux limites induit que l'axe des abscisses, la droite d'équation $y = 0$, est asymptote horizontale à $(\mathcal{C})$ quand x tend vers $-\infty$.

3.

Pour tout réel x, nous avons
$$f'(x) = \left(-\frac{1}{2}e^{2x} + e^x\right)' = -\frac{1}{2}\left(e^{2x}\right)' + \left(e^x\right)' = -\frac{1}{2}\cdot 2e^{2x} + e^x$$

et
$$f'(x) = -e^{2x} + e^x = -(e^x)^2 + e^x = e^x(1 - e^x).$$

Dans la mesure où l'exponentielle est strictement positive, cette dérivée $f'(x)$ a le signe et les racines de $1 - e^x$. Or,
$$\begin{cases} 1 - e^x < 0 & \text{si } x > 0, \\ 1 - e^x = 0 & \text{si } x = 0, \\ 1 - e^x > 0 & \text{si } x < 0. \end{cases}$$

Ainsi,
$$\begin{cases} f'(x) < 0 & \text{si } x > 0, \\ f'(x) = 0 & \text{si } x = 0, \\ f'(x) > 0 & \text{si } x < 0. \end{cases}$$

La fonction f est donc strictement croissante sur $]-\infty, 0]$ et strictement décroissante sur $[0, +\infty[$. Cependant, sa courbe $(\mathcal{C})$ admet une tangente horizontale au point d'abscisse 0.

Ces informations permettent de dresser le tableau de variation suivant :

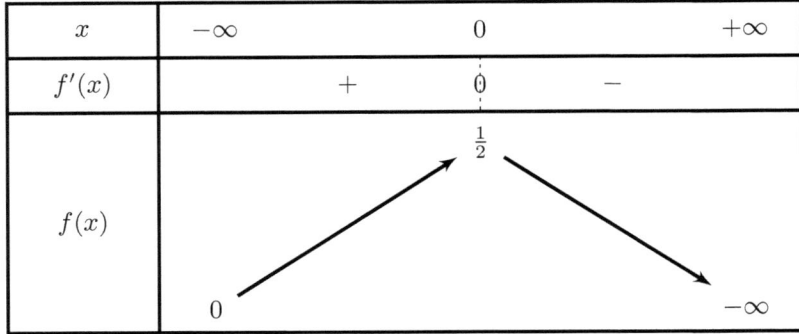

4.

La tangente $(\mathcal{T})$ à la courbe $(\mathcal{C})$ au point d'abscisse $\ln 2$ est donnée par

$$(\mathcal{T}) : y = f'(\ln 2)(x - \ln 2) + f(\ln 2).$$

Par ailleurs,
$$f'(\ln 2) = e^{\ln 2}(1 - e^{\ln 2}) = 2(1 - 2) = -2.$$

Ainsi,
$$f'(\ln 2) \cdot \ln 2 + f(\ln 2) = 2\ln 2 + 0 = 2\ln 2.$$

Par conséquent,
$$(\mathcal{T}) : y = -2x + 2\ln 2.$$

5.

Des calculs simples, notamment avec une calculatrice, permettent de compléter la table de valeurs ci-dessous.

x	-2	-1	0	1	2
$f(x)$	0,13	0,3	0,5	$-0,98$	$-19,91$

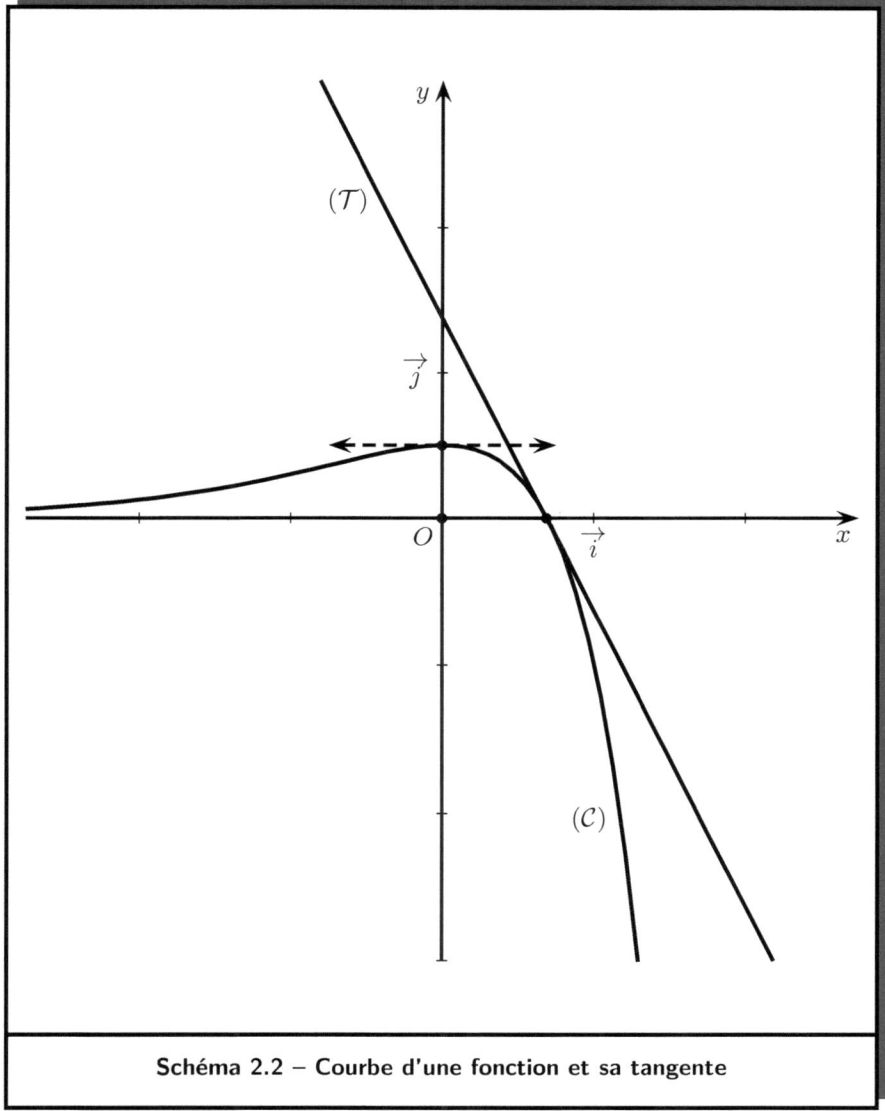

Schéma 2.2 – Courbe d'une fonction et sa tangente

6.

La tangente $(\mathcal{T})$ a pour équation cartésienne réduite
$$y = -2x + 2\ln 2$$
De ce fait, les points
$$A(0, 2\ln 2) \quad \text{et} \quad B(\ln 2, 0),$$
où $2\ln 2 \approx 1{,}38$ et $\ln 2 \approx 0{,}69$, appartiennent à $(\mathcal{T})$.

La courbe $(\mathcal{C})$ et la tangente $(\mathcal{T})$ sont représentées sur le schéma 2.2 à la page 33, avec $2\,\text{cm}$ pour unité sur les axes.

7.

Pour tout réel x, nous avons
$$f(x) = -\frac{1}{4} \cdot (2e^{2x}) + e^x = -\frac{1}{4}\left(e^{2x}\right)' + \left(e^x\right)' = \left(-\frac{1}{4}e^{2x} + e^x\right)'.$$

Par conséquent, toute primitive F de f a la forme
$$F(x) = -\frac{1}{4}e^{2x} + e^x + k,$$
où k est une constante réelle.

En particulier,
$$F(\ln 2) = -\frac{1}{4}e^{2\ln 2} + e^{\ln 2} + k = -\frac{1}{4}e^{\ln 4} + e^{\ln 2} + k$$
$$= -\frac{4}{4} + 2 + k$$
$$= 1 + k.$$

La primitive F s'annule donc en $\ln 2$ si et seulement si $1 + k = 0$, c'est-à-dire $k = -1$. En d'autres termes, la fonction F, définie par
$$F(x) = -\frac{1}{4}e^{2x} + e^x - 1,$$
est la primitive de f qui s'annule en $\ln 2$.

2.3. Notes et commentaires sur le sujet 2010

Échelle des graphiques de l'Exercice 2 et du Problème

L'énoncé du sujet 2010 a connu dans cet ouvrage deux modifications marginales.

Dans la formulation originale de la première question de l'Exercice 2, il est demandé de prendre 1 cm pour 200 FCFA en ordonnées. Toutefois, à notre sens, la graduation d'un centimètre pour 50 FCFA sur l'axe des ordonnées permet une meilleure lisibilité du graphique.

En outre, la sixième question du Problème a été reformulée : l'unité initiale d'un centimètre pour les deux axes du repère orthonormé $\left(O, \vec{i}, \vec{j}\right)$ a été doublée. Cette reformulation participe également de la volonté d'optimiser la représentation graphique.

Chapitre 3

Session 2011

3.1. Sujet 2011

Ce sujet comporte deux exercices et un problème, tous obligatoires ; aucun calcul n'est exigé sur votre feuille de composition en ce qui concerne l'exercice 1.

Exercice 1 : Équations et systèmes d'équations.

Le tableau ci-dessous propose pour chacune des questions de la deuxième colonne de gauche, trois réponses possibles parmi lesquelles une seule est juste ; reproduire sur votre feuille de composition le numéro de la question et celui de la réponse juste correspondance.

	Questions	Réponses		
		(a)	(b)	(c)
(1)	L'ensemble des solutions de l'équation $x^2 e^{x-1} = 0$ est	$\{0, 1\}$	$\{0\}$	$\{1\}$
(2)	L'ensemble des solutions de l'équation $(e^x - 3)(e^x + 3) = 0$ est	$\{-3, 3\}$	$\{-\ln 3, \ln 3\}$	$\{\ln 3\}$
(3)	L'ensemble des solutions du système d'équations $\begin{cases} -2e^x - e^y = 2, \\ -e^x + 2e^y = 6, \end{cases}$ est	$\{(-2, 2)\}$	$\{(-\ln 2, \ln 2)\}$	$\emptyset$
(4)	L'ensemble des solutions du système d'équations $\begin{cases} 2\ln x + 3\ln y = 2, \\ 4\ln x - 3\ln y = 1, \end{cases}$ est	$\{(\frac{1}{2}, \frac{1}{3})\}$	$\{(e, 1)\}$	$\{(\sqrt{e}, e^{\frac{1}{3}})\}$

Exercice 2 : Évolution annuelle de la dette d'un pays.

Le tableau ci-dessous représente l'évolution de la dette bilatérale d'un pays africain de l'année 2000 à l'année 2007. Les montants de la dette sont exprimés en milliards de francs CFA.

Année	2000	2001	2002	2003	2004	2005	2006	2007
Montant de la dette	73,5	65,5	57,6	51,1	46,5	42,6	39,1	35,5

1. En prenant une origine convenablement choisie, en abscisses une année pour un centimètre, et en ordonnées 10 milliards pour deux centimètres, représenter graphiquement le nuage de points de la série statistique ci-dessus.

2. Déterminer le point moyen G de cette série.

3. Ce nuage suggère un ajustement linéaire ; trouver à l'aide de la méthode de MAYER une équation cartésienne de la droite d'ajustement.

4. En supposant qu'aucun évènement ne modifie cette évolution, à partir de quelle année ce pays aura-t-il complètement remboursé sa dette ?

Problème : Étude d'une fonction rationnelle.

On considère la fonction numérique de la variable réelle x définie par

$$f(x) = -\frac{x^2+4}{4x}.$$

Dans le plan rapporté à un repère orthonormé $\left(O, \vec{i}, \vec{j}\right)$, la courbe représentative de la fonction f est désignée par $(\mathcal{C})$.

1. Donner l'ensemble de définition de f.

2. Montrer que f est une fonction impaire ; quel élément de symétrie peut-on en déduire pour la courbe $(\mathcal{C})$?

3. Calculer les limites de $f(x)$ quand x tend vers l'infini, et quand x tend vers 0.

4. Calculer la dérivée et dresser le tableau de variation de f.

5. Calculer la limite de $f(x) + \frac{1}{4}x$ quand x tend vers l'infini.

6. Déduire de ce qui précède que la courbe $(\mathcal{C})$ admet une asymptote verticale et une asymptote oblique dont on donnera les équations cartésiennes respectives.

7. Quelle est la position relative de $(\mathcal{C})$ par rapport à son asymptote oblique quand x tend vers l'infini ?

8. Déterminer une équation cartésienne de la tangente $(\mathcal{D})$ à $(\mathcal{C})$ au point d'abscisse 1.

9. Tracer $(\mathcal{C})$ et $(\mathcal{D})$.

10. On considère le fonction g définie pour tout x par $g(x) = -f(x)$; tracer dans le même repère la courbe $(\mathcal{C}')$ représentative de g.

3.2. Corrigé 2011

Solution de l'Exercice 1.

1.

La fonction exponentielle est strictement positive. De ce fait, $e^{x-1} > 0$ pour tout réel x. Par conséquent, $x^2 e^{x-1} = 0$ si et seulement si $x^2 = 0$. Ceci équivaut à $x = 0$. Ainsi, 0 est l'unique solution de l'équation $x^2 e^{x-1} = 0$. Autrement dit, le singleton $\{0\}$ est l'ensemble des solutions de l'équation $x^2 e^{x-1} = 0$. Le réponse juste à cette question **(1)** est donc **(b)**.

2.

Un réel x vérifie $(e^x - 3)(e^x + 3) = 0$ si et seulement si $e^x - 3 = 0$ ou $e^x + 3 = 0$, c'est-à-dire $e^x = 3$ ou $e^x = -3$. La fonction exponentielle étant strictement positive, cette disjonction est équivalente à $e^x = 3$, car l'égalité $e^x = -3$ est toujours fausse. Cependant, $e^x = 3$ si et seulement si $x = \ln 3$. L'ensemble des solutions de l'équation $(e^x - 3)(e^x + 3) = 0$ est de ce fait le singleton $\{\ln 3\}$. En d'autres termes, la réponse correcte à cette question **(2)** est **(c)**.

3.

Un couple de réels (x, y) est solution du système

$$\begin{cases} -2e^x - e^y = 2, \\ -e^x + 2e^y = 6, \end{cases} \quad (\mathbf{S_3})$$

si et seulement si le couple (e^x, e^y) est solution du système

$$\begin{cases} -2a - b = 2, \\ -a + 2b = 6. \end{cases} \quad (\mathbf{S'_3})$$

L'ensemble des solutions du système $(\mathbf{S_3})$ se déduit donc de celui de $(\mathbf{S'_3})$.

La première équation de $(\mathbf{S'_3})$ équivaut à l'égalité $b = -2a - 2$. En substituant cette valeur de b dans la seconde équation, nous obtenons

$$6 = -a + 2(-2a - 2) = -a - 4a - 4 = -5a - 4,$$

puis $-5a = 10$ et $a = -2$. Ainsi,
$$b = -2a - 2 = 2 \times (-2) - 2 = 4 - 2 = 2.$$

Du reste, nous avons bien

$$(-2) \times (-2) - 2 = 4 - 2 = 2 \quad \text{et} \quad -(-2) + 2 \times 2 = 2 + 4 = 6.$$

De ce fait, l'ensemble des solutions du système $(\mathbf{S}'_3)$ est
$$\big\{(-2, 2)\big\}.$$

Ce résultat s'obtient aussi au moyen de la *méthode par combinaison linéaire*. À cet effet, nous multiplions la première équation de $(\mathbf{S}'_3)$ par 2. D'où
$$\begin{cases} -4a - 2b = 4, \\ -a + 2b = 6. \end{cases}$$

Ensuite, nous additionnons le résultat obtenu avec la seconde équation, tout en conservant la première dans sa forme initiale. Il en résulte le système équivalent suivant :
$$\begin{cases} -2a - b = 2, \\ -5a = 10. \end{cases}$$

Le système $(\mathbf{S}'_3)$ équivaut de ce fait à
$$a = -\frac{10}{5} = -2 \quad \text{et} \quad -2 \times (-2) - b = 2,$$

c'est-à-dire $a = -2$ et $b = 4 - 2 = 2$. Ainsi, l'ensemble des solutions du système $(\mathbf{S}'_3)$ est
$$\big\{(-2, 2)\big\}.$$

Un couple de réels (x, y) est donc solution de $(\mathbf{S}_3)$ si et seulement si $(e^x, e^y) = (-2, 2)$, c'est-à-dire si $e^x = -2$ et $e^y = 2$. Ceci est impossible, car l'exponentielle de tout réel a une valeur strictement positive. L'ensemble des solutions du système d'équations $(\mathbf{S}_3)$ est par conséquent vide. Autrement dit, la réponse juste à cette question **(3)** est (c).

4.

Un couple de réels (x, y) est solution du système
$$\begin{cases} 2\ln x + 3\ln y = 2, \\ 4\ln x - 3\ln y = 1, \end{cases} \qquad (\mathbf{S}_4)$$
si et seulement si $x > 0$ et $y > 0$, puis le couple $(\ln x, \ln y)$ est solution du système
$$\begin{cases} 2a + 3b = 2, \\ 4a - 3b = 1. \end{cases} \qquad (\mathbf{S}'_4)$$
L'ensemble des solutions du système $(\mathbf{S}_4)$ découle donc de celui de $(\mathbf{S}'_4)$.

La *méthode par combinaison linéaire* permet de résoudre rapidement le système $(\mathbf{S}'_4)$; notamment en additionnant ses deux équations, tout en conservant la première. Nous obtenons alors le système équivalent suivant :
$$\begin{cases} 2a + 3b = 2, \\ \phantom{2a + {}} 6a = 3. \end{cases}$$
Ainsi, le système $(\mathbf{S}'_4)$ est équivalent à
$$a = \frac{3}{6} = \frac{1}{2} \qquad \text{et} \qquad 2 \times \frac{1}{2} + 3b = 2,$$
c'est-à-dire
$$a = \frac{1}{2} \qquad \text{et} \qquad 3b = 2 - 1 = 1.$$
L'ensemble des solutions du système $(\mathbf{S}'_4)$ est donc
$$\left\{ \left(\tfrac{1}{2}, \tfrac{1}{3} \right) \right\}.$$

La *méthode par substitution* conduit au même résultat. À cet effet, nous notons que la première équation de $(\mathbf{S}'_4)$ équivaut à
$$3b = 2 - 2a, \qquad (*)$$
puis nous substituons cette expression alternative de $3b$ dans la seconde équation. Il s'ensuit alors
$$1 = 4a - (2 - 2a) = 4a - 2 + 2a = 6a - 2,$$

c'est-à-dire $6a = 3$ et $a = \frac{3}{6} = \frac{1}{2}$. En remplaçant la valeur de a dans l'équation $(*)$, nous obtenons

$$3b = 2 - 2 \times \frac{1}{2} = 2 - 1 = 1 \qquad \text{et} \qquad b = \frac{1}{3}.$$

Le couple $\left(\frac{1}{2}, \frac{1}{3}\right)$ est donc l'unique solution potentielle du système d'équations $(\mathbf{S}'_4)$. Des calculs triviaux, notamment

$$2 \times \frac{1}{2} + 3 \times \frac{1}{3} = 1 + 1 = 2 \qquad \text{et} \qquad 4 \times \frac{1}{2} - 3 \times \frac{1}{3} = 2 - 1 = 1,$$

montrent que cette solution est effective.

Tout compte fait, un couple $(x, y) \in (\mathbb{R}_+^*)^2$ est solution de $(\mathbf{S}_4)$ si et seulement si $(\ln x, \ln y) = \left(\frac{1}{2}, \frac{1}{3}\right)$, c'est-à-dire si $\ln x = \frac{1}{2}$ et $\ln y = \frac{1}{3}$. Ceci équivaut à

$$x = e^{\frac{1}{2}} = \sqrt{e} \qquad \text{et} \qquad y = e^{\frac{1}{3}}.$$

L'ensemble des solutions du système d'équations $(\mathbf{S}_4)$ est donc

$$\left\{\left(\sqrt{e}, e^{\frac{1}{3}}\right)\right\}.$$

Ceci signifie que la réponse correcte à cette question **(4)** est **(c)**.

Solution de l'Exercice 2.

Le tableau ci-dessous représente l'évolution de la dette bilatérale d'un pays africain, exprimée en milliards de francs CFA, de l'année 2000 à l'année 2007.

Année (x)	2000	2001	2002	2003	2004	2005	2006	2007
Montant de la dette (y)	73,5	65,5	57,6	51,1	46,5	42,6	39,1	35,5

1.

Le schéma 3.1 à la page 44 expose le nuage de points de cette série statistique, représenté dans un repère orthogonal dont l'origine est le point de coordonnées $(2000, 20)$, avec en abscisses un centimètre pour une année, et en ordonnées un centimètre pour 5 milliards.

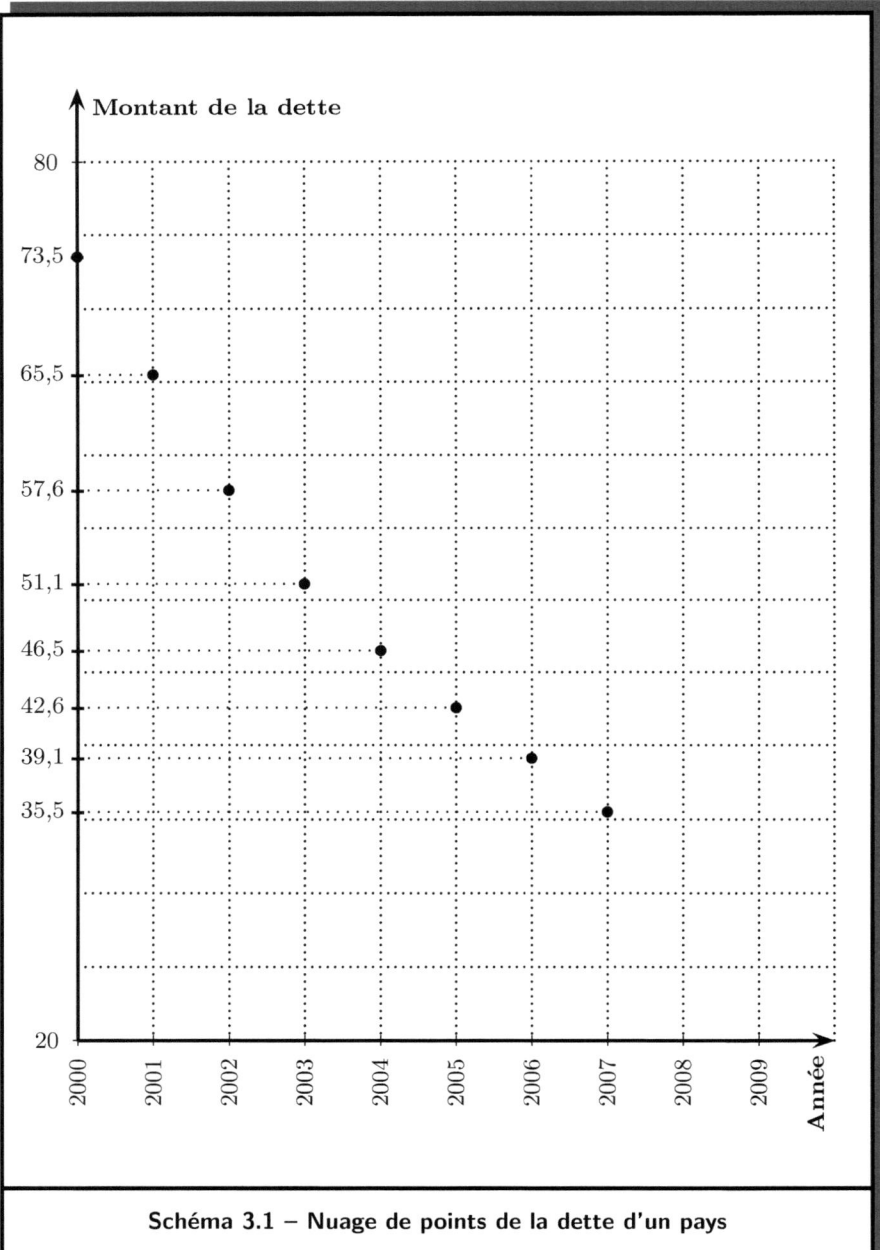

Schéma 3.1 – Nuage de points de la dette d'un pays

2.

Le point moyen G de cette série statistique a pour abscisse

$$\overline{x} = \frac{2000 + 2001 + 2002 + 2003 + 2004 + 2005 + 2006 + 2007}{8} = \frac{16\,028}{8}$$
$$= 2\,003{,}5$$

et pour ordonnée

$$\overline{y} = \frac{73{,}5 + 65{,}5 + 57{,}6 + 51{,}1 + 46{,}5 + 42{,}6 + 39{,}1 + 35{,}5}{8} = \frac{411{,}4}{8}$$
$$= 51{,}425.$$

Autrement dit, $G(2\,003{,}5\,;51{,}425)$.

3.

Pour réaliser l'ajustement linéaire de cette série à l'aide de la méthode de MAYER, il convient de la partager en deux sous-séries de même effectif.

La première sous série est définie par le tableau suivant :

Année (x)	2000	2001	2002	2003
Montant de la dette (y)	73,5	65,5	57,6	51,1

Le point moyen G_1 de cette sous-série a pour abscisse

$$\overline{x_1} = \frac{2000 + 2001 + 2002 + 2003}{4} = \frac{8\,006}{4} = 2\,001{,}5$$

et pour ordonnée

$$\overline{y_1} = \frac{73{,}5 + 65{,}5 + 57{,}6 + 51{,}1}{4} = \frac{247{,}7}{4} = 61{,}925.$$

En d'autres termes, $G_1(2\,001{,}5\,;61{,}925)$.

La seconde sous-série est donnée par le tableau suivant :

Année (x)	2004	2005	2006	2007
Montant de la dette (y)	46,5	42,6	39,1	35,5

Le point moyen G_2 de cette sous-série a pour abscisse
$$\overline{x_2} = \frac{2004 + 2005 + 2006 + 2007}{4} = \frac{8\,022}{4} = 2\,005{,}5,$$
et pour ordonnée
$$\overline{y_2} = \frac{46{,}5 + 42{,}6 + 39{,}1 + 35{,}5}{4} = \frac{163{,}7}{4} = 40{,}925.$$
Autrement dit, $G_2(2\,005{,}5\,;40{,}925)$.

Selon la méthode de MAYER, la droite d'ajustement est (G_1G_2). Son équation cartésienne réduite à la forme
$$y = ax + b,$$
où a et b sont des nombres réels vérifiant notamment
$$\overline{y_1} = a\overline{x_1} + b \qquad \text{et} \qquad \overline{y_2} = a\overline{x_2} + b.$$
Ceci signifie que le couple (a, b) est l'unique solution du système d'équations
$$\begin{cases} 2\,001{,}5a + b = 61{,}925; \\ 2\,005{,}5a + b = 40{,}925. \end{cases} \qquad (**)$$
En multipliant la première équation par -1, puis en l'additionnant à la seconde, tout en conservant cette dernière, le système équivalent suivant émerge :
$$\begin{cases} 4a = -21, \\ 2\,005{,}5a + b = 40{,}925. \end{cases}$$
Le système $(**)$ équivaut donc à
$$a = -\frac{21}{4} = -5{,}25 \qquad \text{et} \qquad 2\,005{,}5 \times (-5{,}25) + b = 40{,}925,$$
c'est-à-dire
$$a = -5{,}25 \qquad \text{et} \qquad b = 40{,}925 + 2\,005{,}5 \times 5{,}25 = 10\,569{,}8.$$
Par conséquent,
$$(G_1G_2) : y = -5{,}25a + 10\,569{,}8.$$

4.

Le pays aura remboursé sa dette lorsque y vaudra 0. Ceci équivaut à
$$-5{,}25a + 10\,569{,}8 = 0,$$
c'est-à-dire
$$x = \frac{10\,569{,}8}{5{,}25} \approx 2\,013{,}29.$$
Ainsi, dans cette dynamique, la dette de ce pays sera remboursée en 2014.

Solution du Problème.

Soit f la fonction numérique de la variable réelle x, définie par
$$f(x) = -\frac{x^2+4}{4x},$$
et $(\mathcal{C})$ sa courbe représentative dans le plan rapporté à un repère orthonormé $\left(O, \vec{i}, \vec{j}\right)$.

1.

Soit x un réel. Alors, $f(x)$ existe si et seulement si $4x \neq 0$. Ceci équivaut à $x \neq 0$. De ce fait, l'ensemble de définition de f est
$$D_f = \mathbb{R} \setminus \{0\} = \,]-\infty, 0[\,\cup\,]0, +\infty[.$$

2.

Soit $x \in D_f$. Alors, par définition, $x \neq 0$. Donc,
$$-x \neq 0 \quad \text{et} \quad -x \in D_f.$$
Du reste,
$$f(-x) = -\frac{(-x)^2+4}{4(-x)} = -\frac{x^2+4}{-4x} = \frac{x^2+4}{4x} = -\left(-\frac{x^2+4}{4x}\right) = -f(x).$$
Ainsi, pour tout $x \in D_f$, nous avons $-x \in D_f$ et $f(-x) = -f(x)$. Ceci signifie que la fonction f est impaire. Il en résulte que le point O, origine du repère, est *centre de symétrie* pour la courbe $(\mathcal{C})$ de f.

3.

La limite d'une fonction rationnelle en l'infini est la limite du quotient du plus grand monôme du numérateur par le plus grand monôme du dénominateur. Dans cette optique, les limites de la fonction f en l'infini sont

$$\lim_{x\to -\infty} f(x) = \lim_{x\to -\infty}\left(-\frac{x^2}{4x}\right) = \lim_{x\to -\infty}\left(-\frac{1}{4}x\right) = +\infty$$

et

$$\lim_{x\to +\infty} f(x) = \lim_{x\to +\infty}\left(-\frac{x^2}{4x}\right) = \lim_{x\to +\infty}\left(-\frac{1}{4}x\right) = -\infty.$$

Pour déterminer la limite de f en 0 à gauche et à droite, nous considérons le tableau de signe suivant :

x	$-\infty$		0		$+\infty$
$4x$		$-$	0	$+$	

Ce tableau de signe induit

$$\lim_{x\to 0^-}(4x) = 0^- \qquad \text{et} \qquad \lim_{x\to 0^+}(4x) = 0^+.$$

Par conséquent,

$$\lim_{x\to 0^-} f(x) = -\frac{4}{0^-} = +\infty \qquad \text{et} \qquad \lim_{x\to 0^+} f(x) = -\frac{4}{0^+} = -\infty.$$

4.

Soit $x \in D_f$. Alors,

$$f'(x) = -\frac{(x^2+4)'\cdot 4x - (x^2+4)(4x)'}{(4x)^2} = -\frac{2x\cdot 4x - 4(x^2+4)}{4\cdot (4x^2)}$$

$$= -\frac{4(2x^2 - x^2 - 4)}{4\cdot 4x^2}$$

$$= -\frac{x^2 - 4}{4x^2}$$

$$= \frac{-x^2 + 4}{4x^2}.$$

Puisque $4x^2 > 0$ pour tout $x \in D_f$, cette dérivée a le signe et les racines du polynôme de second degré $-x^2 + 4$. Ce dernier a précisément deux racines distinctes -2 et 2; il est du signe de -1 à l'extérieur de ses racines et du signe contraire de -1 à l'intérieur. Une vue d'ensemble de ces faits est donnée par le tableau suivant :

x	$-\infty$		-2		0		2		$+\infty$
$-x^2 + 4$		$-$	0	$+$		$+$	0	$-$	
$f'(x)$		$-$	0	$+$	$\parallel$	$+$	0	$-$	

Nous avons donc

$$\begin{cases} f'(x) < 0 & \text{si } x \in]-\infty, -2[\cup]2, +\infty[, \\ f'(x) = 0 & \text{si } x \in \{-2, 2\}, \\ f'(x) > 0 & \text{si } x \in]-2, 0[\cup]0, 2[. \end{cases}$$

Au demeurant,

$$f(2) = -\frac{2^2 + 4}{4 \times 2} = -\frac{4+4}{8} = -\frac{8}{8} = -1$$

et $f(-2) = 1$, car la fonction f est impaire. Ces deux valeurs de f complètent la palette d'informations nécessaires à la construction du tableau de variation de f ci-dessous.

x	$-\infty$		-2		0		2		$+\infty$
$f'(x)$		$-$	0	$+$	$\parallel$	$+$	0	$-$	
$f(x)$	$+\infty$ ↘		1	↗ $+\infty$ $\parallel$ $-\infty$		↗	-1	↘	$+\infty$

5.

Pour tout réel $x \in D_f$, nous avons
$$f(x) + \frac{1}{4}x = -\frac{x^2+4}{4x} + \frac{x}{4} = -\frac{x^2}{4x} - \frac{4}{4x} + \frac{x}{4} = -\frac{x}{4} - \frac{1}{x} + \frac{x}{4} = -\frac{1}{x}.$$

De ce fait,
$$\lim_{x \to -\infty} \left(f(x) + \frac{1}{4}x\right) = \lim_{x \to -\infty} -\frac{1}{x} = 0$$

et
$$\lim_{x \to +\infty} \left(f(x) + \frac{1}{4}x\right) = \lim_{x \to +\infty} -\frac{1}{x} = 0.$$

6.

La droite d'équation $x = 0$ est asymptote verticale à la courbe $(\mathcal{C})$ en 0 à gauche et à droite, car
$$\lim_{x \to 0^-} f(x) = +\infty \quad \text{et} \quad \lim_{x \to 0^+} f(x) = -\infty.$$

Au demeurant, la droite (Δ) d'équation $y = -\frac{1}{4}x$ est asymptote oblique à la courbe $(\mathcal{C})$ quand x tend vers $-\infty$ et $+\infty$, puisque
$$\lim_{x \to \pm\infty} \left[f(x) - \left(-\frac{1}{4}x\right)\right] = 0.$$

7.

La position relative de la courbe $(\mathcal{C})$ par rapport à son asymptote oblique (Δ) dépend su signe de $f(x) - \left(-\frac{1}{4}x\right)$. Puisque
$$f(x) - \left(-\frac{1}{4}x\right) = f(x) + \frac{1}{4}x = -\frac{1}{x},$$

nous avons
$$\begin{cases} f(x) - \left(-\frac{1}{4}x\right) = -\frac{1}{x} > 0 & \text{si } x \in]-\infty, 0[, \\ f(x) - \left(-\frac{1}{4}x\right) = -\frac{1}{x} < 0 & \text{si } x \in]0, +\infty[. \end{cases}$$

Ainsi, la courbe $(\mathcal{C})$ est au-dessus de la droite (Δ) pour les points ayant une abscisse négative, tandis que $(\mathcal{C})$ est en dessous de (Δ) pour les points possédant une abscisse positive.

8.

La tangente $(\mathcal{D})$ à la courbe $(\mathcal{C})$ au point d'abscisse 1 a pour équation
$$y = f'(1)(x-1) + f(1)$$
c'est-à-dire
$$y = f'(1)x - f'(1) + f(1).$$
Cependant,
$$f'(1) = \frac{-1^2 + 4}{4 \times 1^1} = \frac{-1+4}{4} = \frac{3}{4} \quad \text{et} \quad f(1) = -\frac{1^2+4}{4 \times 1} = -\frac{1+4}{4} = -\frac{5}{4},$$
puis
$$-f'(1) + f(1) = -\frac{3}{4} - \frac{5}{4} = -\frac{3+5}{4} = -\frac{8}{4} = -2.$$
Par conséquent,
$$(\mathcal{D}) : y = \frac{3}{4}x - 2.$$

9.

Notons d'entrée de jeu que la courbe $(\mathcal{C})$ ne rencontre pas l'axe des ordonnées, car $0 \notin D_f$. Elle ne rencontre non plus l'axe des abscisses ; en effet, l'équation $f(x) = 0$, équivalente à $x^2 + 4 = 0$, n'a pas de solution réelle.

Du reste, la courbe $(\mathcal{C})$ admet des tangentes horizontales respectivement aux points d'abscisses -2 et 2, car la dérivée de f s'y annule en changeant de signe.

En remplaçant x par 0 et -4 dans l'équation de $(\mathcal{D})$, nous obtenons deux points dont les coordonnées sont consignées dans le tableau ci-dessous :

x	0	4
y	-2	1

De manière analogue, l'équation $y = -\frac{1}{4}x$ de l'asymptote oblique (Δ) livre les points dont les coordonnées sont reprises dans le tableau suivant :

x	0	4
y	0	-1

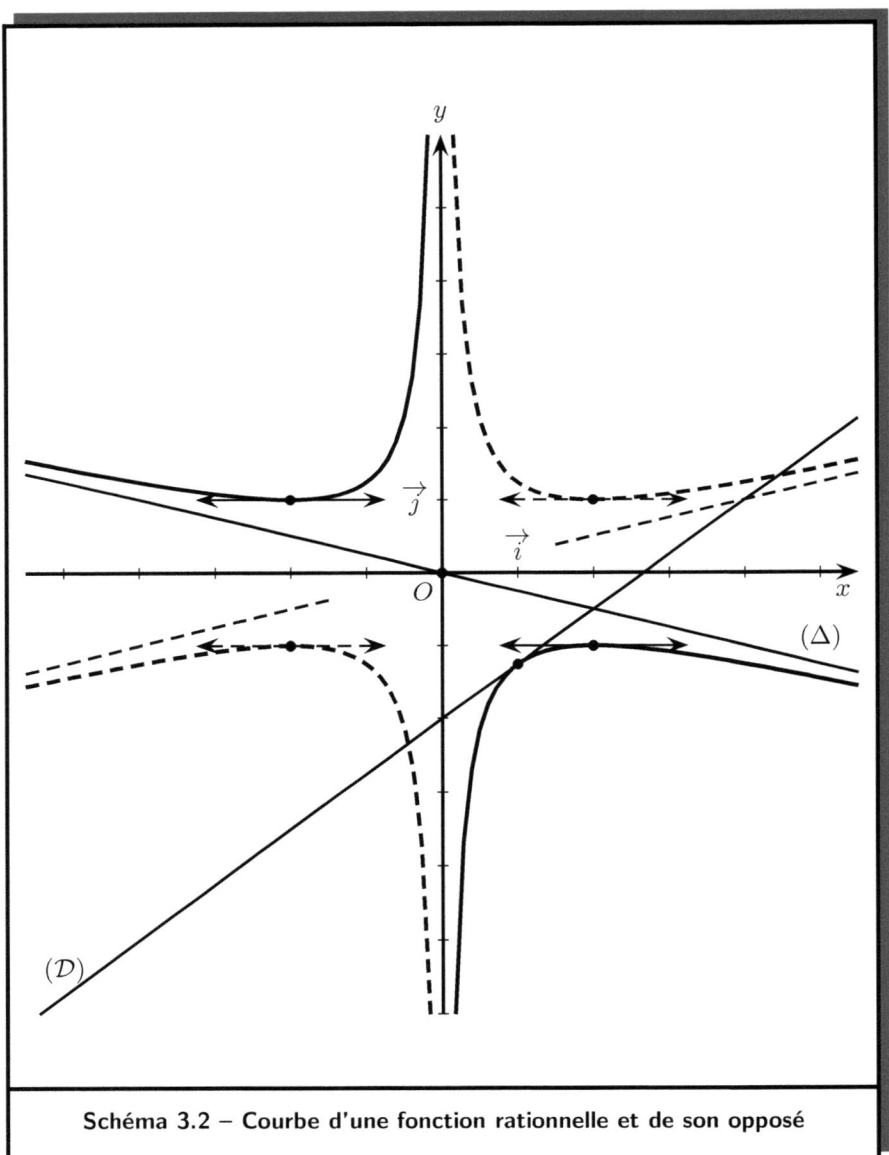

Schéma 3.2 – Courbe d'une fonction rationnelle et de son opposé

Considérant ces divers éléments, la courbe $(\mathcal{C})$ est tracée dans le repère orthonormé $\left(O, \vec{i}, \vec{j}\right)$, d'un *trait continu*, avec 1 cm pour unité sur les axes (voir le schéma 3.2 à la page 52). Elle prend en compte les éléments de la table de valeurs ci-dessous :

x	0,25	0,5	0,75	1	2	3	4	5
y	−4,06	−1,95	−1,52	−1,25	−1	−1,08	−1,25	−1,45

10.

La courbe $(\mathcal{C}')$ de la fonction g, définie pour chaque nombre réel x par $g(x) = -f(x)$, est notoirement l'image de $(\mathcal{C})$ par la *symétrie orthogonale* d'axe $\left(O, \vec{i}\right)$ (l'axe des abscisses). Elle est dessinée dans le même repère que $(\mathcal{C})$, d'un *trait interrompu* (voir le schéma 3.2 à la page 52).

3.3. Notes et commentaires sur le sujet 2011

Échelle du graphique de l'Exercice 2

L'Exercice 2 à la page 38 est dédié à l'étude d'une série statistique double, représentant l'évolution en milliards de francs CFA de la dette bilatérale d'un pays africain de l'année 2000 à l'année 2007.

La première question de cet exercice invite notamment à représenter graphiquement le nuage de points de la série étudiée. Dans l'énoncé officiel, l'échelle prescrite à cet effet est 2 cm pour une année sur l'axe des abscisses, puis 2 cm pour 10 milliards sur l'axe des ordonnées. Le format de ce livre nous a conduit ici à réduire la graduation de l'axe des abscisses à 1 cm pour une année, tout en conservant celle de l'axe des ordonnées.

Courbe de l'opposé d'une fonction

Soit f une fonction. Son opposé est la fonction $-f$ définie par

$$(-f)(x) = -f(x).$$

De toute évidence, $-f$ a le même domaine de définition que f.

Le Problème de la session 2011 est consacré à l'étude d'une fonction rationnelle f. À la suite du dessin de la courbe $(\mathcal{C})$ de f dans un repère orthonormé, la dixième et ultime question dudit Problème convie les candidats à tracer, dans le même repère, la courbe $(\mathcal{C}')$ de l'opposé de f, symbolisé à l'occasion par g. À cet effet, l'étude complète de la fonction g n'est pas nécessaire. Le plan étant rapporté à un repère orthogonal, il suffit de considérer que chacune des courbes $(\mathcal{C})$ et $(\mathcal{C}')$ est l'image de l'autre par la symétrie orthogonale relativement à l'axe des abscisses. La section suivante donne les modalités de ce principe.

Symétrie orthogonale par rapport à l'axe des abscisses

En général, dans le plan euclidien, la *symétrie orthogonale* par rapport à une droite (Δ) est l'application qui, à tout point M, n'appartenant pas à la droite (Δ), associe le point M' vérifiant les conditions suivantes :

(1) la droite (MM') est perpendiculaire à (Δ) ;

(2) le milieu du segment $[MM']$ appartient à la droite (Δ).

Du reste, cette application laisse chaque point de la droite (Δ) invariant.

En d'autres termes, la symétrie orthogonale d'axe (Δ) est l'application qui, à tout point M, fait correspondre l'unique point M' tel que la droite (Δ) soit à *équidistance* des points M et M'. Le schéma 3.3 à la page 55 illustre ce fait. Il exhibe en outre l'image d'un losange et d'un cercle par cette symétrie orthogonale d'axe (Δ), pour un meilleur entendement.

En particulier, le plan étant rapporté à un repère orthogonal, la symétrie orthogonale par rapport à l'axe des abscisses met en correspondance tout point $M(x, y)$ avec le point $M'(x, -y)$.

Cependant, chaque point $M(x, f(x))$ de la courbe $(\mathcal{C})$ d'une fonction f a pour pendant sur le graphe $(\mathcal{C}')$ de l'opposé $-f$ le point $M'(x, -f(x))$, et vice versa. Ceci signifie effectivement $(\mathcal{C}')$ est l'image de $(\mathcal{C})$ par la symétrie orthogonale par rapport à l'axe des abscisses, et réciproquement.

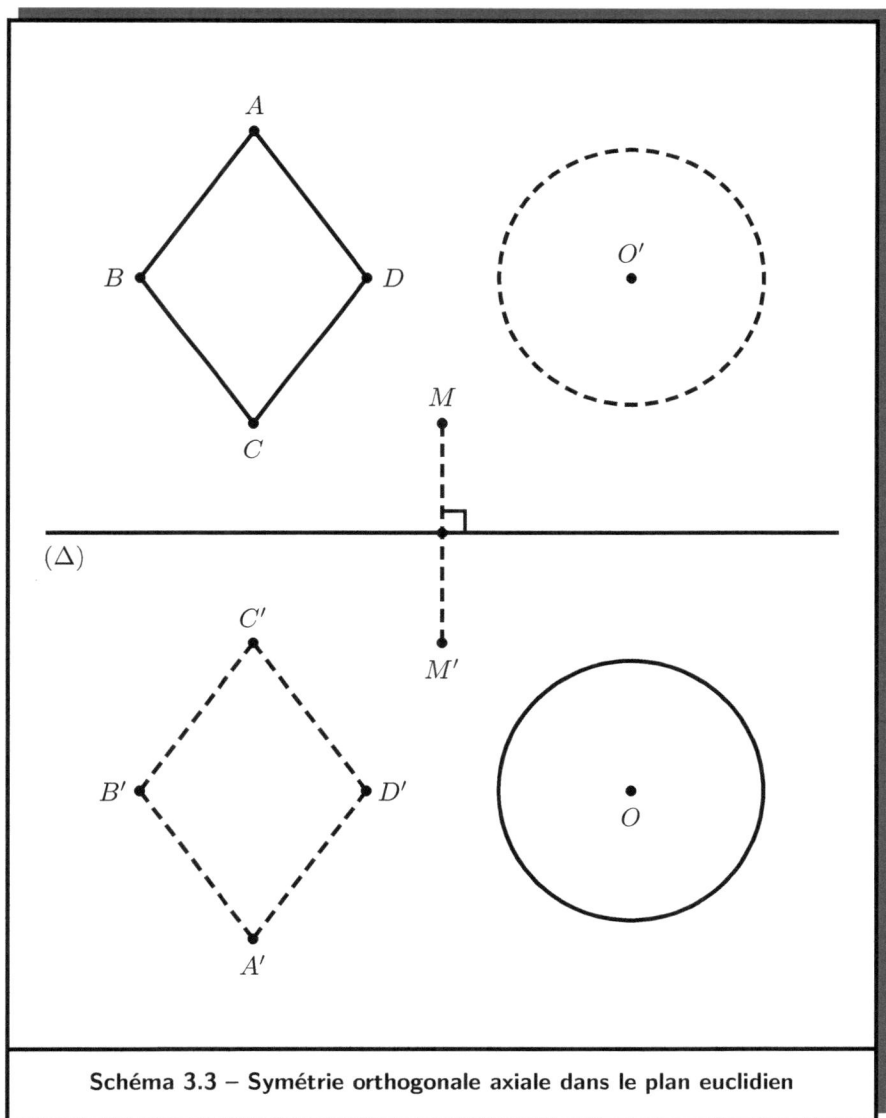

Schéma 3.3 – Symétrie orthogonale axiale dans le plan euclidien

Chapitre 4

Session 2012

4.1. Sujet 2012

Ce sujet est composé de deux exercices et d'un problème, tous obligatoires.

Exercice 1 : Équations et système d'équations.

Les deux parties I et II sont indépendantes.

I.

Résoudre dans l'ensemble des nombres réels l'équation
$$8e^{2x} - 2e^x - 15 = 0. \qquad (\mathbf{E})$$

II.

Une mère de 37 ans a trois enfants âgés respectivement de 8, 10 et 13 ans.

1. (a) Dans combien d'années l'âge de la mère sera-t-il égal à la somme des âges des enfants ?

(b) Quels seront alors les âges respectifs de la mère et de chacun des enfants ?
2. Cette mère partage une somme de 7 750 francs entre ses trois enfants. Les parts sont proportionnelles à leurs âges respectifs. Déterminer la part de chaque enfant.

Exercice 2 : Enquête statistique et calcul de probabilités.

(Pour cet exercice, les résultats seront donnés sous forme de fractions irréductibles.)

Une étude est faite sur 25 personnes révèle que parmi elles, 11 possèdent un téléphone fixe, 15 possèdent un téléphone portable, et 5 possèdent un téléphone fixe et un téléphone portable.
1. Déterminer le nombre de personnes qui :
   (a) possèdent uniquement un téléphone fixe ;
   (b) ne possèdent ni téléphone fixe, ni téléphone portable.
2. On choisit au hasard et simultanément deux personnes parmi les 25. Déterminer la probabilité de chacun des évènements suivants :
   A – « Chacune des personnes choisies possède un téléphone portable ».
   B – « Chacune des personnes choisies possède uniquement un téléphone portable ».

Problème : Étude et primitive d'une fonction rationnelle.

On considère la fonction f d'une variable réelle x définie par
$$f(x) = \frac{x^2 + 4x + 5}{x + 2},$$
et $(\mathcal{C}_f)$ sa courbe représentative dans un repère orthonormé $\left(O, \vec{i}, \vec{j}\right)$.
1. (a) Déterminer l'ensemble de définition D_f de la fonction f.
   (b) Déterminer trois réels a, b et c tels que, pour chaque $x \in D_f$, on a
$$f(x) = ax + b + \frac{c}{x+2}.$$

(c) Calculer les limites de f aux bornes de son domaine de définition.
(d) Déterminer les équations cartésiennes respectives des deux asymptotes à la courbe $(\mathcal{C}_f)$.
2. Étudier les variations de f et dresser son tableau de variation.
3. (a) Déterminer les coordonnées d'un point d'intersection A de la courbe $(\mathcal{C}_f)$ et de l'axe des ordonnés.
   (b) Écrire une équation cartésienne de la tangente $(\mathcal{T})$ à la courbe $(\mathcal{C}_f)$ au point A.
   (c) Tracer dans le même repère la tangente $(\mathcal{T})$ et la courbe $(\mathcal{C}_f)$.
4. Soit F la primitive de f sur l'intervalle $]-2, +\infty[$, qui prend la valeur 0 en $x_0 = -1$. Déterminer la fonction F.

4.2. Corrigé 2012

Solution de l'Exercice 1.

I.

Pour chaque réel x, nous avons $8e^{2x} - 2e^x - 15 = 8(e^x)^2 - 2e^x - 15$. Un nombre réel x est donc solution de l'équation

$$8e^{2x} - 2e^x - 15 = 0 \tag{E}$$

si et seulement si e^x est solution de l'équation du second degré

$$8t^2 - 2t - 15 = 0. \tag{E'}$$

Cette dernière a pour discriminant

$$\Delta = (-2)^2 - 4 \times 8 \times (-15) = 4 + 480 = 484 = 22^2.$$

De ce fait, l'équation $(\mathbf{E'})$ a pour solutions

$$t_1 = \frac{2 - \sqrt{22^2}}{2 \times 8} = \frac{2 - 22}{4 \times 4} = -\frac{20}{4 \times 4} = -\frac{4 \times 5}{4 \times 4} = -\frac{5}{4}$$

et

$$t_2 = \frac{2 + \sqrt{22^2}}{2 \times 8} = \frac{2 + 22}{2 \times 8} = \frac{24}{2 \times 8} = -\frac{3 \times 8}{2 \times 8} = \frac{3}{2}.$$

La fonction exponentielle étant strictement positive, il en résulte que x est solution de (**E**) si et seulement si $e^x = \frac{3}{2}$, c'est-à-dire si $x = \ln\left(\frac{3}{2}\right)$. L'ensemble des solutions de l'équation (**E**) est par conséquent le singleton
$$\left\{\ln\left(\tfrac{3}{2}\right)\right\}.$$

II.

Une mère de 37 ans a trois enfants âgés respectivement de 8, 10 et 13 ans.

1.

(a) Soit n un nombre d'années quelconque. Alors, dans n années, la mère aura $37+n$ ans, les enfants auront respectivement $8+n$, $10+n$ et $13+n$ ans. De ce fait, l'âge de la mère sera donc égal à la somme des âges des enfants si et seulement si
$$37 + n = 8 + n + 10 + n + 13 + n,$$
c'est-à-dire $37 + n = 31 + 3n$. Ceci équivaut à $37 - 31 = 3n - n$, c'est-à-dire $6 = 2n$ ou $n = 3$. Par conséquent, l'âge de la mère sera égal à la somme de âges des enfants dans 3 années.

(b) Dans 3 ans, la mère aura 40 ans, tandis que les enfants auront respectivement 11, 13 et 16 ans.

2.

Cette mère partage une somme de 7 750 francs entre ses trois enfants. Soient x, y et z les parts respectives des premier, deuxième et troisième enfants. Ces parts étant proportionnelles à leurs âges respectifs, nous avons
$$\frac{x}{13} = \frac{y}{10} = \frac{z}{8} = \frac{x+y+z}{13+10+8} = \frac{x+y+z}{31}.$$
Au demeurant, $x + y + z = 7\,750$. D'où
$$\frac{x}{13} = \frac{y}{10} = \frac{z}{8} = \frac{7\,750}{31} = 250.$$
Ceci entraîne
$$\begin{cases} x = 13 \times 250 = 3\,250, \\ y = 10 \times 250 = 2\,500, \\ x = 8 \times 250 = 2\,000. \end{cases}$$
Le plus âgé des trois enfants recevra donc 3 250 francs, le deuxième obtiendra 2 500 francs, et le cadet percevra 2 000 francs.

Solution de l'Exercice 2.

Une étude faite sur 25 personnes révèle que parmi elles, 11 possèdent un téléphone fixe, 15 possèdent un téléphone portable, et 5 possèdent un téléphone fixe et un téléphone portable.

Ces informations peuvent être traduites dans le langage de la théorie des ensembles. À cet effet, nous considérons l'ensemble E des personnes étudiées, F le sous-ensemble de ceux possédant un téléphone fixe, et P le sous-ensemble de ceux ayant un téléphone portable. Alors,

$$\operatorname{card}(E) = 25 \quad \text{et} \quad \operatorname{card}(F) = 11,$$

puis

$$\operatorname{card}(P) = 15 \quad \text{et} \quad \operatorname{card}(F \cap P) = 5.$$

1.

(a) L'ensemble des personnes qui possèdent uniquement un téléphone fixe est $F \setminus (F \cap P)$. Leur nombre est de ce fait

$$\operatorname{card}\big(F \setminus (F \cap P)\big) = \operatorname{card}(F) - \operatorname{card}(F \cap P) = 11 - 5 = 6.$$

(b) L'ensemble des personnes qui ne possèdent ni téléphone fixe, ni téléphone portable, est $E \setminus (F \cup P)$. Leur nombre est donc

$$\operatorname{card}\big(E \setminus (F \cup P)\big) = \operatorname{card}(E) - \operatorname{card}(F \cup P).$$

Cependant,

$$\operatorname{card}(F \cup P) = \operatorname{card}(F) + \operatorname{card}(P) - \operatorname{card}(F \cap P) = 11 + 15 - 5 = 21.$$

D'où

$$\operatorname{card}\big(E \setminus (F \cup P)\big) = 25 - 21 = 4.$$

En d'autres termes, il y a exactement 4 personnes qui n'ont ni téléphone fixe, ni téléphone portable.

Ces différents ensembles et cardinaux sont à titre illustratif consignés dans un diagramme de Venn (voir le schéma 4.1 à la page 62).

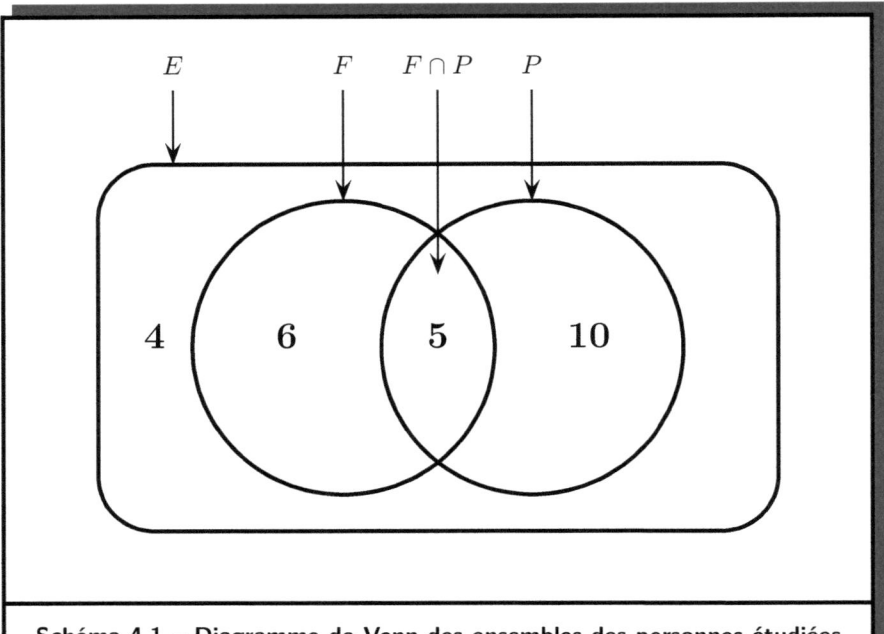

Schéma 4.1 – Diagramme de Venn des ensembles des personnes étudiées

2.

On choisit au hasard et simultanément deux personnes parmi les 25. Soit Ω l'univers des possibles de cette expérience aléatoire. Alors,
$$\operatorname{card}(\Omega) = \mathbf{C}_{25}^{2} = 300.$$

Pour réaliser l'évènement A – « chacune des personnes choisies possède un téléphone portable », le choix doit être fait dans l'ensemble P, dont le cardinal est 15. Le nombre de possibilités qui correspondent à ce choix est donc $\mathbf{C}_{15}^{2} = 105$. La probabilité de l'évènement A est par conséquent
$$\mathbb{P}(A) = \frac{105}{300} = \frac{7}{20}.$$

L'ensemble des personnes possédant uniquement un téléphone portable est $P \setminus (F \cap P)$. Son cardinal est
$$\operatorname{card}\bigl(P \setminus (F \cap P)\bigr) = \operatorname{card}(P) - \operatorname{card}(F \cap P) = 15 - 5 = 10.$$

De ce fait, le nombre de possibilités de choisir deux personnes ayant uniquement un téléphone portable est $\mathbf{C}_{10}^2 = 45$. Il en résulte que la probabilité de l'évènement B – « chacune des personnes choisies possède uniquement un téléphone portable », est

$$\mathbb{P}(B) = \frac{45}{300} = \frac{3}{20}.$$

Solution du Problème.

Soit f la fonction d'une variable réelle x définie par

$$f(x) = \frac{x^2 + 4x + 5}{x + 2},$$

et $(\mathcal{C}_f)$ sa courbe représentative dans un repère orthonormé $\left(O, \vec{i}, \vec{j}\right)$.

1.

(a) Soit x un nombre réel. Alors, $f(x)$ existe si et seulement si $x + 2 \neq 0$, c'est-à-dire si $x \neq -2$. Ainsi, l'ensemble de définition de f est

$$D_f = \mathbb{R} \setminus \{-2\} =]-\infty, -2[\cup]-2, +\infty[.$$

(b) Pour déterminer les réels a, b et c vérifiant

$$f(x) = ax + b + \frac{c}{x+2},$$

il suffit de réaliser la division euclidienne du polynôme $x^2 + 4x + 5$ par $x + 2$. Cette dernière livre

$$x^2 + 4x + 5 = (x+2)(x+2) + 1,$$

conformément au diagramme ci-dessous :

$$\begin{array}{r|l}
x^2 + 4x + 5 & x+2 \\ \cline{2-2}
-x^2 - 2x & x+2 \\ \hline
2x + 5 & \\
-2x - 4 & \\ \hline
1 &
\end{array}$$

Nous avons en conséquence
$$f(x) = \frac{(x+2)(x+2)+1}{x+2} = x+2+\frac{1}{x+2}.$$
pour tout $x \in D_f$. Autrement dit,
$$f(x) = ax + b + \frac{c}{x+2},$$
où $a = 1$, puis $b = 2$ et $c = 1$.

(c) La limite d'une fonction rationnelle en l'infini est la limite du quotient du plus grand monôme du numérateur par le plus grand monôme du dénominateur. Pour la fonction f étudiée ici, nous avons notamment
$$\lim_{x \to -\infty} f(x) = \lim_{x \to -\infty} \frac{x^2}{x} = \lim_{x \to -\infty} x = -\infty$$
et
$$\lim_{x \to +\infty} f(x) = \lim_{x \to +\infty} \frac{x^2}{x} = \lim_{x \to +\infty} x = +\infty.$$

Pour déterminer la limite de f en -2 à gauche et à droite, nous considérons le tableau de signe suivant :

x	$-\infty$		-2		$+\infty$
$x + 2$		$-$	0	$+$	

Ce tableau de signe entraîne
$$\lim_{x \to -2^-} (x+2) = 0^- \quad \text{et} \quad \lim_{x \to -2^+} (x+2) = 0^+.$$

De ce fait,
$$\lim_{x \to -2^-} f(x) = \frac{(-2)^2 + 4 \times (-2) + 5}{0^-} = \frac{1}{0^-} = -\infty$$
et
$$\lim_{x \to -2^+} f(x) = \frac{(-2)^2 + 4 \times (-2) + 5}{0^+} = \frac{1}{0^+} = +\infty.$$

(d) Ces deux limites de f quand x tend vers -2, à gauche et à droite, montrent que la droite $(\mathcal{D}_1)$ d'équation $x = -2$ est asymptote verticale à la courbe $(\mathcal{C}_f)$. Par ailleurs,

$$f(x) - (x+2) = x + 2 + \frac{1}{x+2} - (x+2) = \frac{1}{x+2}$$

pour chaque $x \in D_f$, puis

$$\lim_{x \to -\infty} \left[f(x) - (x+2) \right] = \lim_{x \to -\infty} \frac{1}{x+2} = 0$$

et

$$\lim_{x \to +\infty} \left[f(x) - (x+2) \right] = \lim_{x \to +\infty} \frac{1}{x+2} = 0.$$

De ce fait, la droite $(\mathcal{D}_2)$ d'équation $y = x + 2$ est asymptote oblique à la courbe $(\mathcal{C}_f)$, quand x tend vers $-\infty$ et $+\infty$.

2.

Pour tout $x \in D_f$, nous avons

$$f'(x) = \left(x + 2 + \frac{1}{x+2} \right)' = (x+2)' + \left(\frac{1}{x+2} \right)' = 1 - \frac{(x+2)'}{(x+2)^2}$$
$$= 1 - \frac{1}{(x+2)^2}$$
$$= \frac{(x+2)^2 - 1^2}{(x+2)^2}$$
$$= \frac{(x+2+1)(x+2-1)}{(x+2)^2}$$
$$= \frac{(x+3)(x+1)}{(x+2)^2}.$$

Cette dérivée a les racines et le signe de son numérateur $(x+3)(x+1)$, car son dénominateur $(x+2)^2$ est strictement positif pour tout $x \in D_f$. Ainsi,

$$\begin{cases} f'(x) < 0 & \text{si } x \in\,]-3, -2[\, \cup\,]-2, -1[, \\ f'(x) = 0 & \text{si } x = -3 \text{ ou } x = -1, \\ f'(x) > 0 & \text{si } x \in\,]-\infty, -3[\, \cup\,]-1, +\infty[. \end{cases}$$

La fonction f est donc strictement décroissante sur les intervalles $[-3, -2[$ et $]-2, -1]$. Elle est du reste strictement croissante sur les intervalles $]-\infty, -3]$ et $[-1, +\infty[$. Au demeurant, sa courbe $(\mathcal{C}_f)$ admet des tangentes horizontales aux points d'abscisses respectives -3 et -1. Les ordonnées de ces points sont respectivement

$$f(-3) = -3 + 2 + \frac{1}{-3+2} = -1 + \frac{1}{-1} = -1 - 1 = -2$$

et

$$f(-1) = -1 + 2 + \frac{1}{-1+2} = 1 + \frac{1}{1} = 1 + 1 = 2.$$

Ces éléments permettent de dresser le tableau de variation suivant :

x	$-\infty$		-3		-2		-1		$+\infty$
$f'(x)$		$+$	0	$-$		$-$	0	$+$	
$f(x)$	$-\infty$	↗	-2	↘	$+\infty$ ∥ $-\infty$	↘	2	↗	$+\infty$

3.

(a) Par définition,
$$f(0) = 0 + 2 + \frac{1}{0+2} = 2 + \frac{1}{2} = \frac{5}{2}.$$

De ce fait, la courbe $(\mathcal{C}_f)$ rencontre l'axe des ordonnées au point $A\left(0, \frac{5}{2}\right)$.

(b) La tangente $(\mathcal{T})$ à $(\mathcal{C}_f)$ au point $A\left(0, \frac{5}{2}\right)$ a pour équation
$$y = f'(0)(x - 0) + f(0).$$

Cependant, $f'(0) = 1 - \frac{1}{(0+2)^2} = 1 - \frac{1}{4} = \frac{3}{4}$. De ce fait,

$$(\mathcal{T}) : y = \frac{3}{4}x + \frac{5}{2}.$$

(c) Dans l'équation cartésienne de $(\mathcal{T})$, si $x = 2$, alors
$$y = \frac{3}{2} + \frac{5}{2} = \frac{3+5}{2} = \frac{8}{2} = 4.$$

La tangente $(\mathcal{T})$ passe donc par les points $A\left(0, \frac{5}{2}\right)$ et $B(2, 4)$. Ces derniers sont mis à contribution pour le tracé de $(\mathcal{T})$ (voir le schéma 4.2 à la page 68).

Dans le même esprit, l'asymptote oblique $(\mathcal{D}_2)$ de la courbe $(\mathcal{C}_f)$, d'équation cartésienne $y = x + 2$, peut être représentée en considérant les points dont les coordonnés sont consignées dans le tableau suivant :

x	0	-2
y	2	0

Des points de la courbe $(\mathcal{C}_f)$, représentée dans un repère $\left(O, \vec{i}, \vec{j}\right)$, avec $1\,\text{cm}$ pour unité sur les axes (voir le schéma 4.2 à la page 68), sont donnés par la table de valeurs suivante :

x	-5	-4	-3	-1	0	1	2	3	3,5
$f(x)$	$-3{,}33$	$-2{,}5$	-2	2	2,5	3,33	4,25	5,2	5,68

4.

Soit $x \in D_f$. Alors,
$$f(x) = \left(\frac{1}{2}x^2 + 2x\right)' + (\ln|x+2|)' = \left(\frac{1}{2}x^2 + 2x + \ln|x+2|\right)'.$$

Cependant, $|x+2| = x+2$ pour tout $x \in\,]2, +\infty[$. Par conséquent, toute primitive de f sur l'intervalle $]2, +\infty[$ a la forme
$$F(x) = \frac{1}{2}x^2 + 2x + \ln(x+2) + k,$$

où k est une constante réel. En particulier,
$$F(-1) = \frac{(-1)^2}{2} + 2 \cdot (-1) + \ln(-1+2) + k = \frac{1}{2} - 2 + \ln 1 + k = -\frac{3}{2} + k.$$

Ainsi, $F(-1) = 0$ si et seulement si $-\frac{3}{2} + k = 0$, c'est-à-dire $k = \frac{3}{2}$. De ce fait, la primitive de f sur l'intervalle $]-2, +\infty[$, qui prend la valeur 0 en $x_0 = -1$, est donnée par
$$F(x) = \frac{1}{2}x^2 + 2x + \frac{3}{2} + \ln(x+2).$$

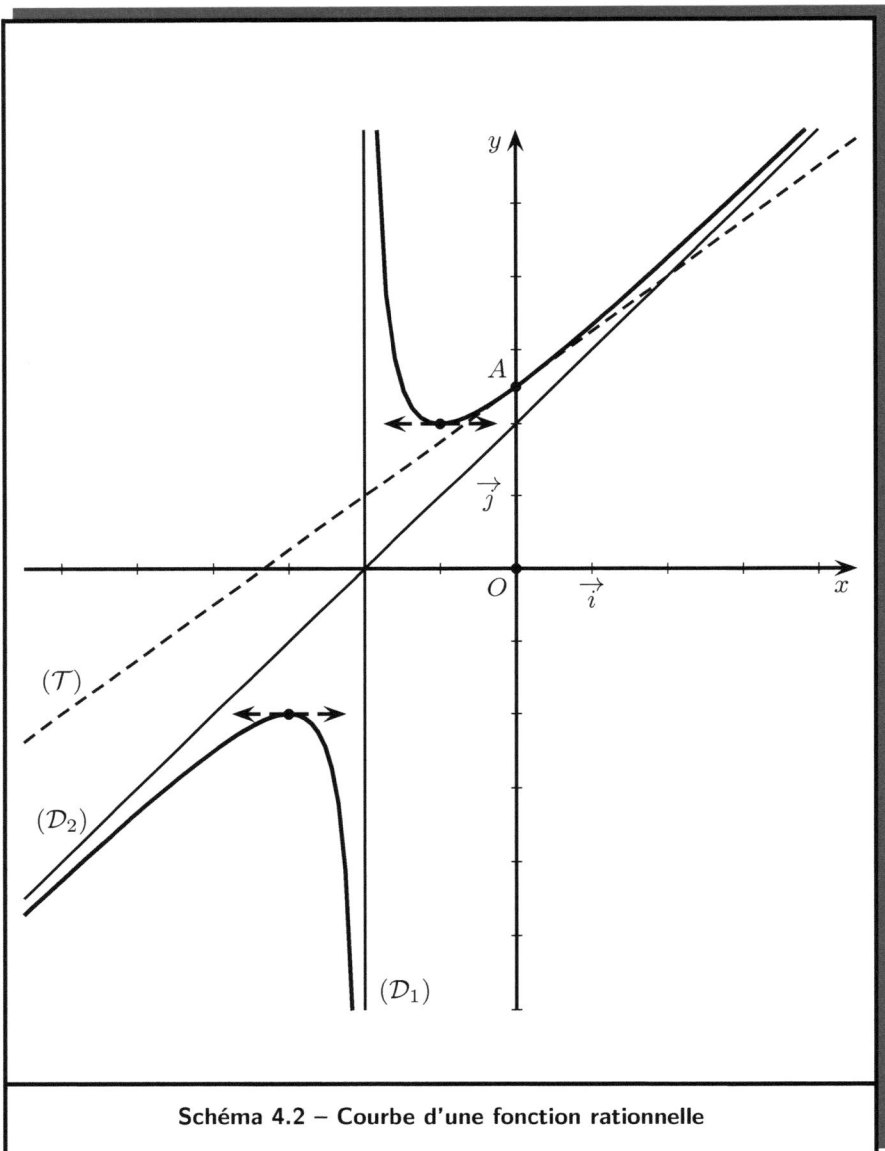

Schéma 4.2 – Courbe d'une fonction rationnelle

4.3. Notes et commentaires sur le sujet 2012

L'Exercice 2 à la page 58 présente les résultats d'une enquête statistique. Il invite par la suite à faire des dénombrements et à calculer des probabilités. Ces tâches supposent une familiarité des candidats avec les opérations élémentaires sur les ensembles et leurs cardinaux. Nous rappelons ici les modalités de ces opérations, à toutes fins utiles.

Opérations élémentaires sur les ensembles

Trois opérations retiennent notre attention ici : intersection, différence et réunion.

L'*intersection* de deux ensembles E et F est l'ensemble $E \cap F$ de tous les éléments appartenant simultanément à E et à F. Autrement dit, $x \in E \cap F$ si et seulement si $x \in E$ et $x \in F$. Deux ensembles sont dits *disjoints* s'ils n'ont aucun point en commun, c'est-à-dire si leur intersection est l'ensemble vide $\emptyset$.

Soient E et F deux ensembles. La *différence* entre le premier E et le second F est l'ensemble $E \setminus F$ constitué de tous les éléments appartenant à E, mais pas à F. De manière formelle, $x \in E \setminus F$ si et seulement si $x \in E$ et $x \notin F$.

La *réunion* de deux ensembles E et F est l'ensemble $E \cup F$ de tous les éléments appartenant à E ou à F. En d'autres termes, $x \in E \cup F$ si et seulement si $x \in E$ ou $x \in F$.

Opérations sur les cardinaux d'ensembles finis

Le *cardinal* d'un ensemble fini E, noté $\operatorname{card}(E)$, est le nombre de ses éléments. En particulier, le cardinal de l'ensemble vide est
$$\operatorname{card}(\emptyset) = 0.$$

Cette section est consacrée au cardinal de la différence et de la réunion de deux ensembles.

Soient E et F des ensembles disjoints, c'est-à-dire $E \cap F = \emptyset$. Alors,
$$\operatorname{card}(E \cup F) = \operatorname{card}(E) + \operatorname{card}(F). \tag{4.1}$$

Au demeurant, $E = (E \setminus F) \cup (E \cap F)$. Cependant, les ensembles $E \setminus F$ et $E \cap F$ sont disjoints. De ce fait,
$$\mathrm{card}\,(E) = \mathrm{card}\,(E \setminus F) + \mathrm{card}\,(E \cap F),$$
puis
$$\mathrm{card}\,(E \setminus F) = \mathrm{card}\,(E) - \mathrm{card}\,(E \cap F). \tag{4.2}$$
Par ailleurs, $E \cup F = E \cup (F \setminus E)$, puis les ensembles $E \cup F$ et $F \setminus E$ sont disjoints. Donc,
$$\mathrm{card}\,(E \cup F) = \mathrm{card}\,(E) + \mathrm{card}\,(F \setminus E).$$
D'après l'égalité (4.2), nous avons en outre
$$\mathrm{card}\,(F \setminus E) = \mathrm{card}\,(F) - \mathrm{card}\,(F \cap E) = \mathrm{card}\,(F) - \mathrm{card}\,(E \cap F).$$
Il en résulte que
$$\mathrm{card}\,(E \cup F) = \mathrm{card}\,(E) + \mathrm{card}\,(F) - \mathrm{card}\,(E \cap F). \tag{4.3}$$

Chapitre 5

Session 2013

5.1. Sujet 2013

Ce sujet se compose de deux exercices et d'un problème, tous obligatoires.

Exercice 1 : Polynôme et équations dans l'ensemble des réels.

Soit le polynôme défini par $P(x) = x^3 - 6x^2 + 5x + 12$, où x est un réel quelconque.

1. Calculer $P(3)$. Que traduit ce résultat ?
2. Mettre $P(x)$ sous la forme $P(x) = (x-3)(x^2 + bx + c)$, où b et c sont des réels à déterminer.
3. On pose $b = -3$ et $c = -4$. Résoudre dans $\mathbb{R}$ l'équation $P(x) = 0$.
4. En déduire dans $\mathbb{R}$ les solutions les équations suivantes :
   (a) $\ln^3 x - 6\ln^2 x + 5\ln x + 12 = 0$.
   (b) $e^{3x} - 6e^{2x} + 5e^x + 12 = 0$.

Exercice 2 : Tombola et probabilités – Série statistique.

1. Dans une tombola, on a vendu 10 000 billets. Chaque billet porte un numéro de quatre chiffres, par exemple 0000 ou 1238. Sachant que tous les billets ont la même chance d'être tirés dans cette tombola, quelle est :
   (a) la probabilité qu'un billet pris au hasard porte un numéro constitué de quatre chiffres différents ?
   (b) la probabilité qu'un billet pris au hasard porte un numéro constitué de quatre chiffres identiques ?

2. Le tableau ci-dessous donne la répartition d'un groupe d'enfants par leur taille en cm.

Taille en cm	Effectifs
$[80, 90[$	3
$[90, 95[$	15
$[95, 100[$	22
$[100, 105[$	18
$[105, 110[$	12
$[110, 120[$	5

   (a) Reproduire le tableau en regroupant la série en quatre classes de même amplitude égale à 10.
   (b) Construire alors l'histogramme des effectifs de la série.
   (c) En déduire le polygone des effectifs.
   (d) Calculer la moyenne de cette série.

Problème : Étude et primitive d'une fonction rationnelle.

Soit f la fonction numérique définie sur $]0, +\infty[$ par

$$f(x) = \frac{x^2 - x + 4}{-x},$$

et $(\mathcal{C}_f)$ sa courbe représentative dans un repère (O, I, J). On prendra $1\,\text{cm}$ comme unité des axes.

1. Recopier et compléter le tableau suivant :

x	0,5	1	2	4	8
$f(x)$					

2. Calculer $\lim\limits_{x \to +\infty} \left(f(x) - (-x+1) \right)$. Que traduit ce résultat ?
3. Déterminer une équation de l'asymptote verticale à $(\mathcal{C}_f)$.
4. Étudier les variations de f (dérivée, sens de variation et tableau de variation).
5. (a) Préciser la position de la courbe $(\mathcal{C}_f)$ par rapport à la droite d'équation $y = -x + 1$.
   (b) Construire soigneusement la courbe $(\mathcal{C}_f)$ dans la repère (O, I, J).
   (c) Résoudre graphiquement dans $\mathbb{R}_+^*$ l'inéquation $f(x) + x - 1 < 0$.
6. Déduire la construction sur le même repère de la courbe $(\mathcal{C}_g)$ de la fonction $g(x) = |f(x)|$.
7. (a) Déterminer les réels α, β et γ tels que
$$f(x) = \alpha x + \beta - \frac{\gamma}{x}.$$
   (b) En déduire la primitive F de f sur $\mathbb{R}_+^*$ qui s'annule en $x_0 = 2$.

5.2. Corrigé 2013

Solution de l'Exercice 1.

Soit le polynôme défini par $P(x) = x^3 - 6x^2 + 5x + 12$, où x est un réel quelconque.

1.

De manière triviale, nous calculons
$$P(3) = 3^3 - 6 \times 3^2 + 5 \times 3 + 12 = 27 - 54 + 15 + 12 = 0.$$

Ceci signifie que 2 est une racine du polynôme P.

2.

La division euclidienne du polynôme $P(x)$ par $x - 3$ est réalisée dans le diagramme ci-dessous :

$$
\begin{array}{r|l}
x^3 - 6x^2 + 5x + 12 & \;x - 3 \\
\underline{-\,x^3 + 3x^2} & \;\overline{x^2 - 3x - 4} \\
-3x^2 + 5x & \\
\underline{+3x^2 - 9x} & \\
-4x + 12 & \\
\underline{+4x - 12} & \\
0 & \\
\end{array}
$$

Cette division montre que $P(x) = (x-3)(x^2 + bx + c)$, où $b = -3$ et $c = -4$. En d'autres termes,

$$P(x) = (x-3)(x^2 - 3x - 4).$$

3.

Soit x un réel. Alors, $P(x) = 0$ si et seulement si $(x-3)(x^2 - 3x - 4) = 0$. Ceci équivaut à

$$x - 3 = 0 \quad \text{ou} \quad x^2 - 3x - 4 = 0.$$

L'ensemble solution de l'équation $P(x) = 0$ est donc $S = \{3\} \cup S'$, où S' est l'ensemble solution de l'équation du second degré

$$x^2 - 3x - 4 = 0.$$

Le discriminant de cette dernière équation est

$$\Delta = (-3)^2 - 4 \times (-4) = 9 + 16 = 25 = 5^2.$$

Ses solutions sont par conséquent

$$x_1 = \frac{3 - \sqrt{5^2}}{2} = \frac{3-5}{2} = -1 \quad \text{et} \quad x_2 = \frac{3 + \sqrt{5^2}}{2} = \frac{3+5}{2} = 4.$$

Autrement dit, $S' = \{-1, 4\}$. De ce fait, l'ensemble solution de l'équation $P(x) = 0$ est
$$S = \{-1, 3, 4\}.$$

4.

(a) Pour chaque $x \in \,]0, +\infty[$, nous avons
$$\ln^3 x - 6\ln^2 x + 5\ln x + 12 = P(\ln x).$$

Un réel x est de ce fait solution de l'équation
$$\ln^3 x - 6\ln^2 x + 5\ln x + 12 = 0 \qquad (\mathbf{S}_a)$$

si et seulement si $x > 0$ et $\ln x$ appartient à l'ensemble S des solutions de l'équation $P(t) = 0$. Ceci équivaut à $x > 0$, et
$$\ln x = -1 \qquad \text{ou} \qquad \ln x = 3 \qquad \text{ou} \qquad \ln x = 4,$$

c'est-à-dire $x = e^{-1}$ ou $x = e^3$ ou $x = e^4$. Par conséquent, l'ensemble des solutions de l'équation $(\mathbf{S}_a)$ est
$$S_a = \left\{\frac{1}{e}, e^3, e^4\right\}.$$

(b) Pour chaque réel x, nous avons de toute évidence
$$e^{3x} - 6e^{2x} + 5e^x + 12 = (e^x)^3 - 6(e^x)^2 + 5e^x + 12 = P(e^x).$$

Un réel x est donc solution de l'équation
$$e^{3x} - 6e^{2x} + 5e^x + 12 = 0 \qquad (\mathbf{S}_b)$$

si et seulement si $e^x \in S$. La fonction exponentielle étant strictement positive, ceci équivaut à $e^x = 3$ ou $e^x = 4$, c'est-à-dire $x = \ln 3$ ou $x = \ln 4$. Il en résulte que l'ensemble des solutions de l'équation $(\mathbf{S}_b)$ est
$$S_b = \{\ln 3, \ln 4\}.$$

Solution de l'Exercice 2.

1.

Dans une tombola, on a vendu 10 000 billets. Chaque billet porte un numéro de quatre chiffres, par exemple 0000 ou 1238. L'univers Ω des possibles lorsqu'on tire un billet au hasard est l'ensemble des billets. De ce fait,

$$\operatorname{card}(\Omega) = 10\,000.$$

Notons également que cet univers Ω correspond à l'ensemble F^E des applications de $E = \{1, 2, 3, 4\}$ vers $F = \{0, 1, 2, 3, 4, 5, 6, 7, 8, 9\}$. En effet, a, b, c et d étant des chiffres de l'ensemble F, le numéro $abcd$ est en correspondance unique avec l'application f de E vers F, définie par

$$f(1) = a, \qquad f(2) = b, \qquad f(3) = c, \qquad f(4) = d.$$

Ceci montre bien que

$$\operatorname{card}(\Omega) = \operatorname{card}(F^E) = \operatorname{card}(F)^{\operatorname{card}(E)} = 10^4 = 10\,000.$$

(a) L'évènement A – « un billet pris au hasard porte un numéro constitué de quatre chiffres différents », correspond à l'ensemble $\operatorname{Inj}(E, F)$ des applications injectives de E vers F. Par conséquent,

$$\operatorname{card}(A) = \operatorname{card}\operatorname{Inj}(E, F) = \mathbf{A}_{10}^4 = 10 \times 9 \times 8 \times 7 = 5\,040.$$

Il en résulte que la probabilité de l'évènement A est

$$\mathbb{P}(A) = \frac{\operatorname{card}(A)}{\operatorname{card}(\Omega)} = \frac{5\,040}{10\,000} = 0{,}504.$$

(b) L'ensemble des numéros constitués de quatre chiffres identiques est

$$\{0000, 1111, 2222, 3333, 4444, 5555, 6666, 7777, 8888, 9999\}.$$

Il a le même cardinal que F, notamment 10. De ce fait, la probabilité de l'évènement B – « un billet pris au hasard porte un numéro constitué de quatre chiffres identiques », est

$$\mathbb{P}(B) = \frac{\operatorname{card}(B)}{\operatorname{card}(\Omega)} = \frac{10}{10\,000} = 0{,}001.$$

2.

Le tableau ci-dessous donne la répartition d'un groupe d'enfants par leur taille en cm.

Taille en cm	Effectifs
[80, 90[	3
[90, 95[	15
[95, 100[	22
[100, 105[	18
[105, 110[	12
[110, 120[	5

(a) En regroupant les effectifs respectifs des classes [90, 95[et [95, 100[, nous obtenons la classe [90, 100[avec un effectif de $15 + 22 = 37$ enfants. De manière analogue, l'amalgame des classes [100, 105[et [105, 110[livre la classe [100, 110[ayant un effectif de $18 + 12 = 30$ enfants. Il en résulte la série en quatre classes, de même amplitude égale à 10, représentée dans le tableau suivant :

Tailles en cm	[80, 90[	[90, 100[	[100, 110[	[110, 120[	**Total**
Effectif (n_i)	3	37	30	5	**75**
Centre (x_i)	85	95	105	115	
$n_i x_i$	255	3 515	3 150	575	**7 495**

(b) Le schéma 5.1 à la page 78 dévoile l'histogramme des effectifs de la série, représenté dans un repère orthogonal dont l'origine est le point de coordonnées $(80, 0)$, avec en abscisses 1 cm pour 5 cm (*taille*), et en ordonnées 1 cm pour 5 enfants (*effectif*).

(c) Le polygone des effectifs de cette série a pour sommets les points de coordonnées respectives (x_i, n_i), où x_i est le centre de la classe de tailles et n_i est l'effectif de ladite classe. Ce polygone des effectifs est tracé en sus de l'histogramme (voir le schéma 5.1 à la page 78).

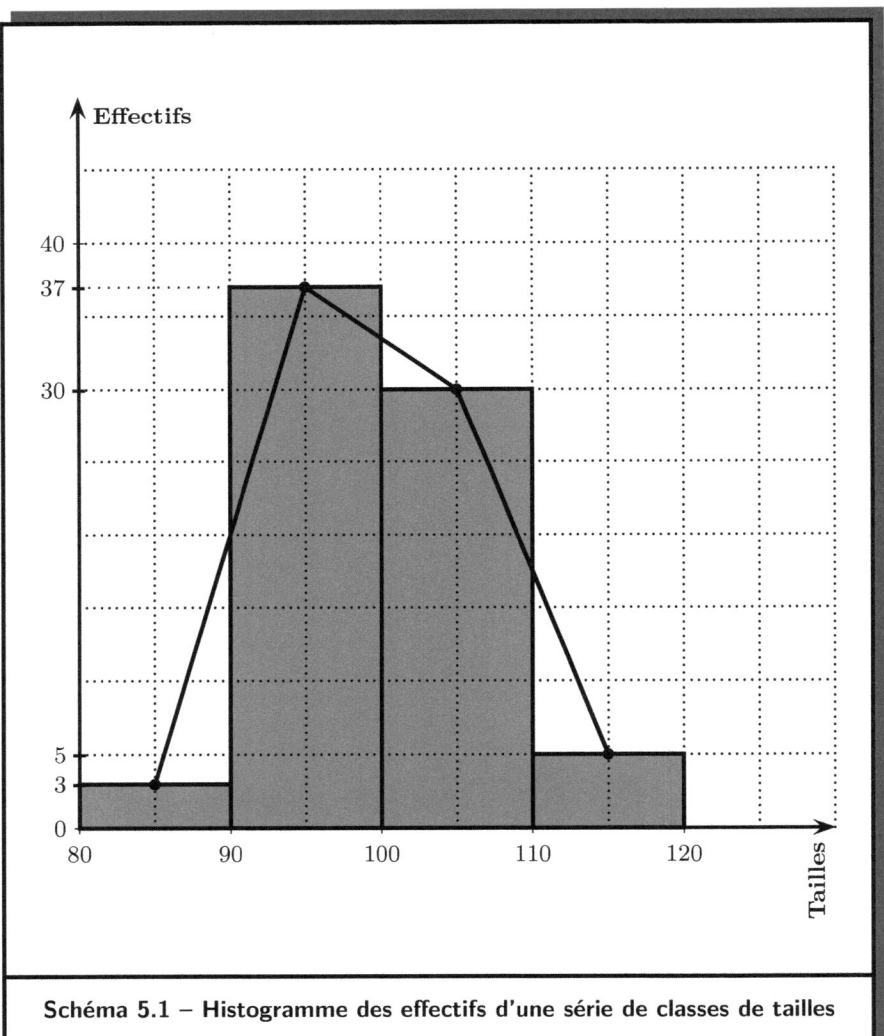

Schéma 5.1 – Histogramme des effectifs d'une série de classes de tailles

(d) Pour déterminer la moyenne $\overline{x}$ des notes moyennes de cette classe, nous multiplions le centre x_i de chaque tranche par l'effectif n_i de ladite tranche, puis divisons la somme des résultats obtenus par le total N des effectifs (voir à la question **(a)** le tableau de la série regroupée en quatre classes). Ainsi, la moyenne recherchée est

$$\overline{x} = \frac{1}{N} \cdot \sum_{i=1}^{4} n_i x_i = \frac{1}{75} \times 7\,495 \approx 99{,}93.$$

Solution du Problème.

Soit f la fonction définie sur $]0, +\infty[$ par $f(x) = \dfrac{x^2 - x + 4}{-x}$, et $(\mathcal{C}_f)$ sa courbe représentative dans un repère (O, I, J).

1. Une calculatrice permet de compléter aisément la table de valeurs suivante :

x	0,5	1	2	4	8
$f(x)$	$-0{,}75$	-4	-3	-4	$-7{,}5$

2.

Pour tout réel $x \in]0, +\infty[$, nous avons

$$f(x) - (-x + 1) = \frac{x^2 - x + 4}{-x} + x - 1 = \frac{x^2 - x + 4 - x^2 + x}{-x} = -\frac{4}{x}$$

De ce fait,
$$\lim_{x \to +\infty} \bigl(f(x) - (-x + 1)\bigr) = \lim_{x \to +\infty} -\frac{4}{x} = 0.$$

Ceci signifie que la droite d'équation $y = -x + 1$ est asymptote oblique à la courbe $(\mathcal{C}_f)$ de f quand x tend vers $+\infty$.

3.

De toute évidence, $\lim\limits_{x \to 0^+} (-x) = 0^-$. Il s'ensuit que

$$\lim_{x \to 0^+} f(x) = \frac{0^2 - 0 + 4}{0^-} = \frac{4}{0^-} = -\infty.$$

Par conséquent, la droite d'équation $x = 0$, l'axe des ordonnées, est asymptote verticale à la courbe $(\mathcal{C}_f)$.

4.

Pour chaque $x \in\ ]0, +\infty[$, nous avons

$$f'(x) = \frac{(x^2 - x + 4)' \cdot (-x) - (x^2 - x + 4) \cdot (-x)'}{(-x)^2}$$

$$= \frac{(2x - 1) \cdot (-x) - (x^2 - x + 4) \cdot (-1)}{x^2}$$

$$= \frac{-2x^2 + x + x^2 - x + 4}{x^2}$$

$$= \frac{-x^2 + 4}{x^2}.$$

Cette dérivée a le signe et les racines de son numérateur

$$-x^2 + 4 = (x + 2)(-x + 2),$$

car son dénominateur x^2 est strictement positif. Le tableau de signe de ce numérateur est cependant le suivant :

x	$-\infty$		-2		2		$+\infty$
$-x^2 + 4$		$-$	0	$+$	0	$-$	

Il en découle que

$$\begin{cases} f'(x) > 0 & \text{si } x \in\ ]0, 2[, \\ f'(x) = 0 & \text{si } x = 2, \\ f'(x) < 0 & \text{si } x \in\ ]2, +\infty[. \end{cases}$$

La fonction f est donc strictement croissante sur l'intervalle $]0, 2]$ et strictement décroissante sur $[2, +\infty[$. Du reste, sa courbe $(\mathcal{C}_f)$ admet une tangente horizontale au point d'abscisse 2 et d'ordonnée

$$f(2) = \frac{2^2 - 2 + 4}{-2} = -\frac{6}{2} = -3.$$

Par ailleurs,
$$\lim_{x\to+\infty} f(x) = \lim_{x\to+\infty} \frac{x^2}{-x} = \lim_{x\to+\infty} (-x) = -\infty.$$

Cette limite complète le catalogue des informations nécessaires à la construction du tableau de variation de f ci-dessous :

x	0		2		$+\infty$
$f'(x)$	‖	+	0	−	
$f(x)$	‖ $-\infty \nearrow$		-3		$\searrow -\infty$

5.

(a) À l'évidence, $-x < 0$ pour tout réel strictement positif. Ainsi, pour chaque $x \in \,]0, +\infty[$, nous avons
$$f(x) - (-x + 1) = \frac{4}{-x} < 0.$$

De ce fait, la courbe $(\mathcal{C}_f)$ est en dessous de la droite d'équation $y = -x + 1$.

(b) Dans la mesure où 0 n'appartient pas à l'ensemble de définition de la fonction f, sa courbe $(\mathcal{C}_f)$ ne rencontre pas l'axe (OJ) des ordonnées.

En outre, $f(x) = 0$ si et seulement si $x^2 - x + 4 = 0$. Toutefois, cette dernière équation n'admet pas de solution réelle, car son discriminant est strictement négatif ; précisément,
$$\Delta = (-1)^2 - 4 \times 4 = 1 - 16 = -15.$$

La courbe $(\mathcal{C}_f)$ ne coupe donc pas l'axe (OI) des abscisses. Elle est représentée d'un *trait continu* dans le repère orthonormé (O, I, J), avec 1 cm pour unité sur les axes (voir le schéma 5.2 à la page 83).

Cette représentation intègre également l'asymptote oblique à $(\mathcal{C}_f)$ quand x tend vers $+\infty$, c'est-à-dire la droite $(\mathcal{D})$ d'équation $y = -x + 1$, qui passe par les points $I(1, 0)$ et $J(0, 1)$, compte tenu de la table des valeurs suivante :

x	1	0
$y = -x + 1$	0	1

(c) Pour déterminer graphiquement l'ensemble S des solutions strictement positives de l'inéquation
$$f(x) + x - 1 < 0,$$
il suffit remarquer que cette dernière équivaut à $f(x) < -x + 1$. Ainsi, un réel x de $\mathbb{R}_+^*$ appartient à S si est seulement s'il est l'abscisse d'un point de $(\mathcal{C}_f)$ situé en dessous de la droite $(\mathcal{D})$. Le schéma 5.2 à la page 83 montre que toute la courbe $(\mathcal{C}_f)$ est en dessous $(\mathcal{D})$. Par conséquent,
$$S =]0, +\infty[= \mathbb{R}_+^*.$$

6.

La courbe $(\mathcal{C}_g)$ de la fonction, définie par $g(x) = |f(x)|$, est l'image de $(\mathcal{C}_f)$ par la *symétrie orthogonale* d'axe (OI). À ce compte-là, elle est dessinée dans le même repère que $(\mathcal{C}_f)$ d'un *trait interrompu* (voir le schéma 5.2 à la page 83).

7.

(a) À la question **(2)** ci-dessus, nous avons vu que
$$f(x) - (-x + 1) = -\frac{4}{x},$$
pour tout $x \in]0, +\infty[$. Ceci signifie que
$$f(x) = -x + 1 - \frac{4}{x} = \alpha x + \beta - \frac{\gamma}{x},$$
où $\alpha = -1$ et $\beta = 1$, puis $\gamma = 4$.

(b) Ainsi, pour chaque $x \in \mathbb{R}_+^*$, nous avons
$$f(x) = -x + 1 - 4\frac{1}{x} = \left(-\frac{1}{2}x^2 + x - 4\ln|x|\right)' = \left(-\frac{1}{2}x^2 + x - 4\ln x\right)'.$$

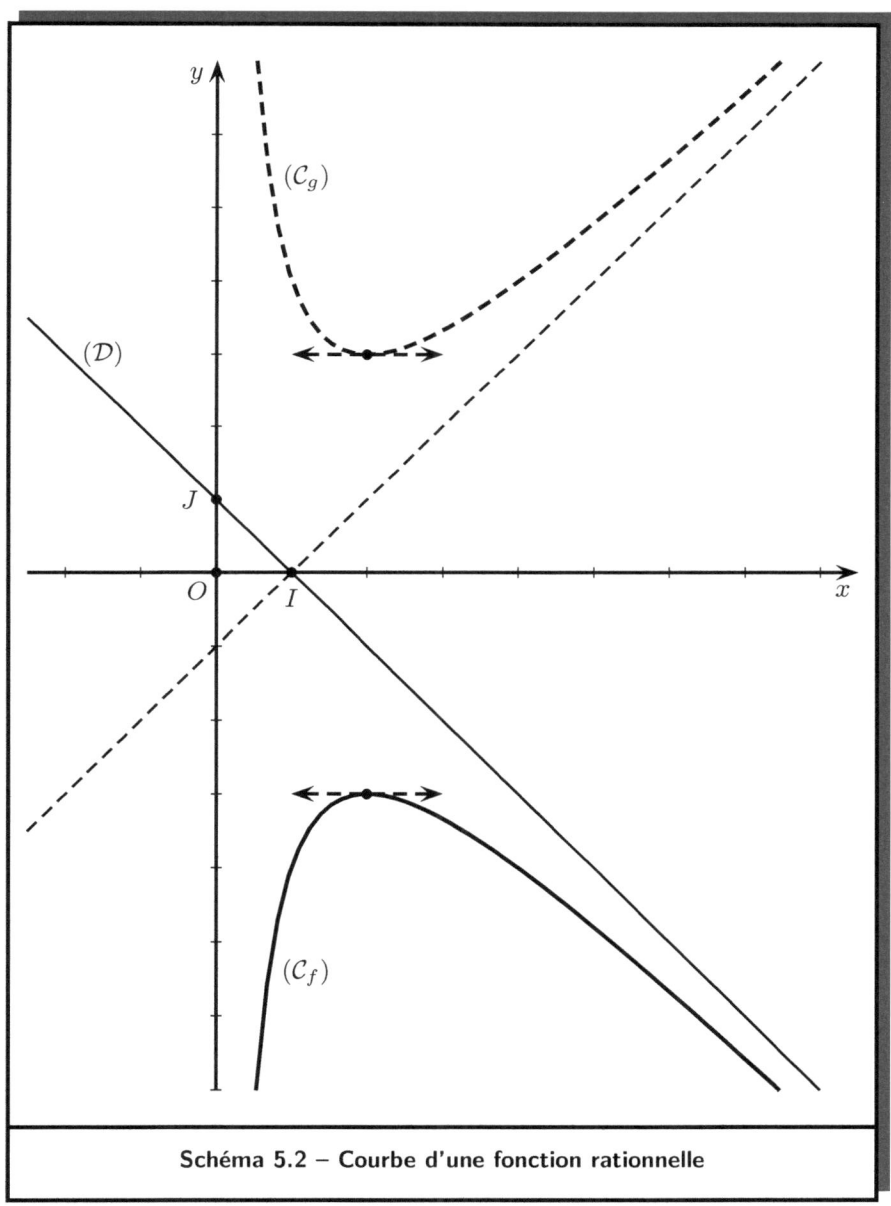

Schéma 5.2 – Courbe d'une fonction rationnelle

De ce fait, toute primitive de f sur $\mathbb{R}_+^*$ est de la forme
$$F(x) = -\frac{1}{2}x^2 + x - 4\ln x + k,$$
où k est une constante réelle. En particulier,
$$F(2) = -\frac{1}{2} \times 2^2 + 2 - 4\ln 2 + k = k - 4\ln 2.$$
Une telle primitive s'annule donc en 2 si et seulement si $k = 4\ln 2$. Par conséquent, la primitive de f sur $\mathbb{R}_+^*$ qui s'annule en 2 est donnée par
$$F(x) = -\frac{1}{2}x^2 + x - 4\ln x + 4\ln 2.$$

5.3. Notes et commentaires sur le sujet 2013

Factorisation d'un polynôme du troisième degré

La deuxième question de l'Exercice 1 invite à démontrer que le polynôme
$$P(x) = x^3 - 6x^2 + 5x + 12$$
peut être exprimé de manière factorisée par
$$P(x) = (x-3)(x^2 + bx + c),$$
où b et c sont des réels à déterminer. Dans la solution proposée ici, à la page 74, cette factorisation a été obtenue au moyen de la division euclidienne de $x^3 - 6x^2 + 5x + 12$ par $x - 3$. Il est également possible de l'obtenir par identification. À cet effet, nous développons
$$\begin{aligned}(x-3)(x^2 + bx + c) &= x^3 + bx^2 + cx - 3x^2 - 3bx - 3c \\ &= x^3 + (b-3)x^2 + (c-3b)x - 3c,\end{aligned}$$
et identifions les coefficients du résultat de ce développement avec ceux du polynôme initial. En l'espèce, cette identification livre
$$b - 3 = -6, \qquad c - 3b = 5 \qquad \text{et} \qquad -3c = 12,$$
puis, somme toute, $b = -3$ et $c = -4$.

Courbe de la valeur absolue d'une fonction

Notoirement, la valeur absolue d'un réel x est le nombre $|x|$ défini par

$$|x| = \begin{cases} -x & \text{si} \quad x < 0, \\ x & \text{si} \quad x \geq 0. \end{cases}$$

En d'autres termes, la valeur absolue d'un nombre réel est ledit réel si ce dernier est positif ou nul ; autrement, elle est l'opposé du nombre en question.

Dans le même esprit, la valeur absolue d'une fonction f est la fonction $|f|$ définie par

$$|f|(x) = |f(x)| = \begin{cases} -f(x) & \text{si} \quad f(x) < 0, \\ f(x) & \text{si} \quad f(x) \geq 0. \end{cases}$$

À l'évidence, $|f|$ a le même domaine de définition que f. Ainsi, si la fonction f est positive, alors elle se confond à sa valeur absolue $|f|$. En revanche, si f est négative, alors sa valeur absolue $|f|$ est égale à $-f$, c'est-à-dire à son opposé. La courbe de cette valeur absolue est donc l'image de la courbe de f par la symétrie orthogonale par rapport à l'axe des abscisses (voir la page 54). C'est le cas pour la fonction f objet du Problème, dont la sixième question invite à représenter graphiquement la fonction $g = |f|$.

De manière générale, pour chaque fonction f, il existe deux ensembles N et P vérifiant

$$N \cap P = \emptyset \qquad \text{et} \qquad D_f = N \cup P,$$

puis

$$\begin{cases} f(x) < 0 & \text{si} \quad x \in N, \\ f(x) \geq 0 & \text{si} \quad x \in P. \end{cases}$$

De ce fait, la valeur absolue de f est déterminée par

$$|f|(x) = |f(x)| = \begin{cases} -f(x) & \text{si} \quad x \in N, \\ f(x) & \text{si} \quad x \in P. \end{cases}$$

Ces observations permettent de déduire la courbe représentative $(\mathcal{C}')$ de $|f|$, à partir du graphe $(\mathcal{C})$ de la fonction f. Les modalités de cette déduction sont décrites ci-dessous.

Déduction de la courbe de $|f|$ à partir de celle de f :

1. Sur la courbe $(\mathcal{C})$ de f, distinguez la partie $(\mathcal{C}_1)$ des points ayant une ordonnée strictement négative, de la partie $(\mathcal{C}_2)$ des points possédant une ordonnée positive ou nulle.
2. Tracez l'image $(\mathcal{C}'_1)$ de $(\mathcal{C}_1)$ par la symétrie orthogonale par rapport à l'axe des abscisses.
3. Réunissez $(\mathcal{C}'_1)$ et $(\mathcal{C}_2)$ pour obtenir la courbe $(\mathcal{C}')$ de la valeur absolue de la fonction f.

Chapitre 6

Session 2014

6.1. Sujet 2014

Ce sujet est constitué de deux exercices et d'un problème, obligatoires pour tous les candidats.

Exercice 1 : Évolution du nombre de visiteurs d'un site touristique.

On s'est intéressé à l'évolution du nombre de visiteurs d'un site touristique sur huit années. Les résultats de cette enquête sont consignés dans le tableau ci-dessous :

Rang de l'année (X)	1	2	3	4	5	6	7	8
Nombre de visiteurs (Y)	540	560	700	800	875	1120	1370	1500

1. (a) Représenter graphiquement le nuage de points de la série statistique (X, Y) ainsi définie (1 cm pour une année en abscisses et 1 cm pour 100 visiteurs en ordonnées).

(b) Déterminer les coordonnées du point moyen G et représenter ce point.
2. On désigne par S_1 et S_2 les sous-séries de la série (X, Y) suivantes.

S_1 :

Rang de l'année (X)	1	2	3	4
Nombre de visiteurs (Y)	540	560	700	800

S_2 :

Rang de l'année (X)	5	6	7	8
Nombre de visiteurs (Y)	875	1120	1370	1500

(a) Calculer les coordonnées des points moyens G_1 et G_2 des sous séries S_1 et S_2 respectivement.
(b) Déterminer une équation de la droite de MAYER (G_1G_2).
(c) Estimer alors à l'unité près par excès le nombre de visiteurs de l'année de rang 10.

Exercice 2 : Tirage de boules d'une urne et calcul de probabilités.

Une urne contient dix boules indiscernables au toucher. Quatre de ces boules sont rouges et le reste est noire.
1. On suppose qu'on tire simultanément deux boules de cette urne. Calculer :
   (a) La probabilité p_1 d'avoir une boule de chaque couleur.
   (b) La probabilité p_2 d'avoir exactement deux boules rouges.
   (c) La probabilité p_3 d'avoir moins de deux boules rouges.
2. On suppose maintenant qu'on tire une boule de l'urne qu'on ne remet pas, puis on tire une seconde. Calculer :
   (a) La probabilité p_4 d'avoir une boule de chaque couleur.
   (b) La probabilité p_5 d'avoir une boule rouge au premier tirage.

Problème : Fonction définie au moyen du logarithme népérien.

Soit f la fonction définie dans $\mathbb{R}$ par $f(0) = 2$ et $f(x) = x\ln x + 2$ si $x \neq 0$. On désigne par $(\mathcal{C}_f)$ sa courbe représentative dans un repère orthonormé $\left(O, \vec{i}, \vec{j}\right)$.

1. (a) Calculer les limites de f aux bornes de son ensemble de définition.
   (b) Étudier la continuité de f à droite de 0.
2. (a) Montrer que $f'(x) = 1 + \ln x$ pour tout réel $x > 0$.
   (b) En déduire, pour tout réel $x > 0$, l'équivalence
   $$f'(x) > 0 \Leftrightarrow x \in \left]\tfrac{1}{e}, +\infty\right[.$$
3. Dresser le tableau de variation de f sur son ensemble de définition.
4. (a) Calculer la limite de $\dfrac{f(x) - f(0)}{x}$ en 0^+.
   (b) Tracer la courbe $(\mathcal{C}_f)$ de f en tenant compte du fait que $(\mathcal{C}_f)$ admet une branche parabolique en $+\infty$, de direction l'axe des ordonnées. (Unité de longueur sur les axes : 1,5 cm.)
5. Soit F la fonction définie dans $]0, +\infty[$ par
$$F(x) = -\frac{x^2}{4} + \frac{x^2 \ln x}{2} + 2x.$$
   (a) Calculer $F'(X)$.
   (b) Déterminer la primitive de f qui s'annule en 1.

6.2. Corrigé 2014

Solution de l'Exercice 1.

Une enquête sur l'évolution du nombre de visiteurs d'un site touristique, pendant huit années, a livré, sous la forme d'une série statistique double (X, Y), les résultats consignés dans le tableau ci-dessous :

Rang de l'année (X)	1	2	3	4	5	6	7	8
Nombre de visiteurs (Y)	540	560	700	800	875	1120	1370	1500

1.

(a) Le schéma 6.1 à la page 91 dévoile le nuage de points de la série statistique (X, Y), représenté dans un repère orthogonal dont l'origine est le point de coordonnées $(0, 400)$, avec 1 cm pour une année en abscisses, et 1 cm pour 100 visiteurs en ordonnées.

(b) Le point moyen G de cette série statistique a pour abscisse

$$\overline{X} = \frac{1+2+3+4+5+6+7+8}{8} = \frac{36}{8} = \frac{9}{2} = 4{,}5$$

et pour ordonnée

$$\overline{Y} = \frac{540 + 560 + 700 + 800 + 875 + 1\,120 + 1\,370 + 1\,500}{8} = \frac{7\,465}{8}$$
$$= 933{,}125.$$

En d'autres termes, $G(4{,}5; 933{,}125)$ (voir le schéma 6.1 à la page 91).

2.

Soient S_1 et S_2 les sous-séries de la série (X, Y), données par les tableaux suivants.

S_1 :

Rang de l'année (X)	1	2	3	4
Nombre de visiteurs (Y)	540	560	700	800

S_2 :

Rang de l'année (X)	5	6	7	8
Nombre de visiteurs (Y)	875	1120	1370	1500

(a) Le point moyen G_1 de la sous-série statistique S_1 a pour abscisse

$$\overline{X_1} = \frac{1+2+3+4}{4} = \frac{10}{4} = \frac{5}{2} = 2{,}5$$

et pour ordonnée

$$\overline{Y_1} = \frac{540 + 560 + 700 + 800}{4} = \frac{2\,600}{4} = 650.$$

Autrement dit, $G_1(2{,}5; 650)$.

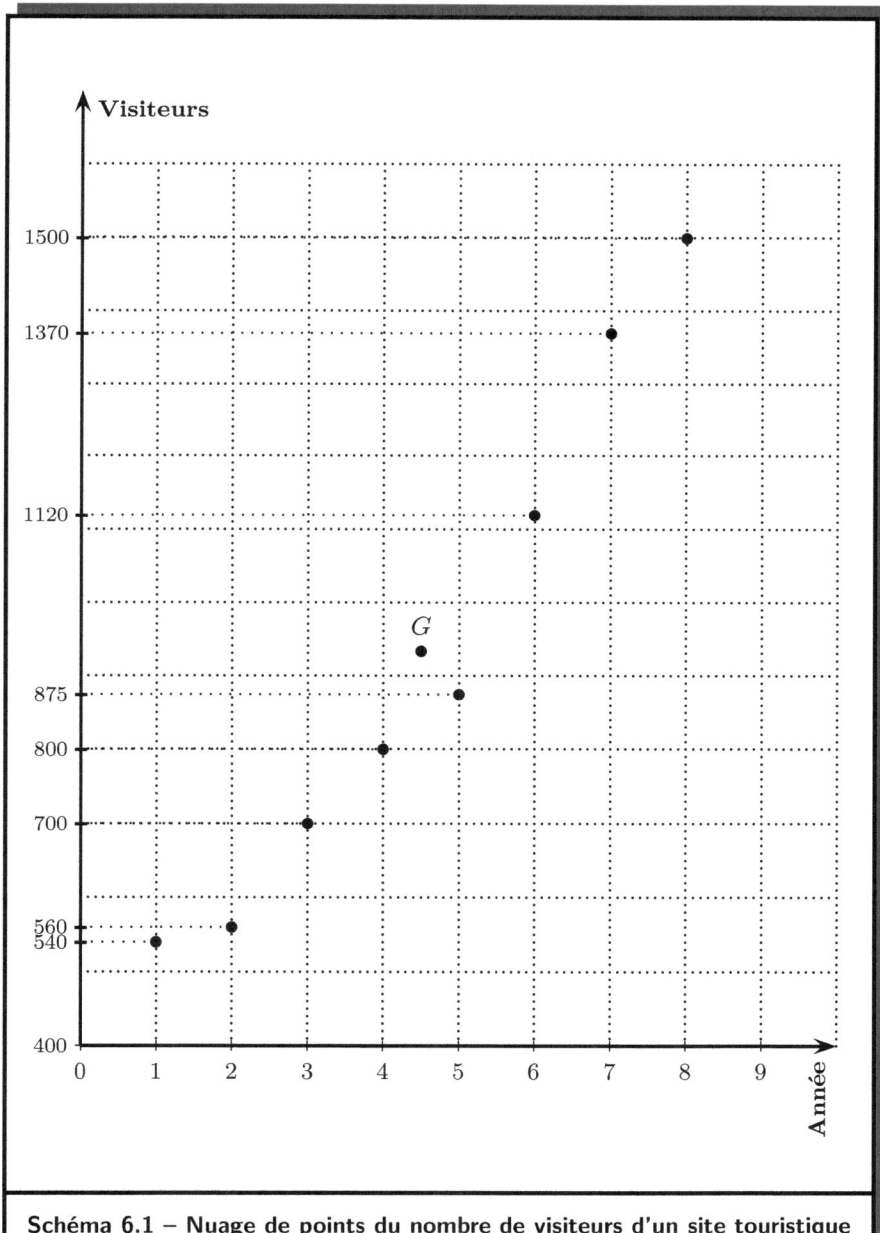

Schéma 6.1 – Nuage de points du nombre de visiteurs d'un site touristique

Le point moyen G_2 de la sous-série statistique S_2 a pour abscisse

$$\overline{X_2} = \frac{5+6+7+8}{4} = \frac{36}{4} = \frac{9}{2} = 6{,}5$$

et pour ordonnée

$$\overline{Y_2} = \frac{875+1\,120+1\,370+1\,500}{4} = \frac{4\,865}{4} = 1\,216{,}25.$$

En d'autres termes, $G_2(6{,}5;1\,216{,}25)$.

(b) Un point $M(x,y)$ appartient à la droite de Mayer si et seulement si les vecteurs

$$\overrightarrow{G_1M}(x-2{,}5;y-650) \qquad \text{et} \qquad \overrightarrow{G_1G_2}(6{,}5-2{,}5;1\,216{,}25-650)$$

sont colinéaires. Ceci équivaut à

$$\frac{x-2{,}5}{6{,}5-2{,}5} = \frac{y-650}{1\,216{,}25-650}$$

c'est-à-dire

$$\frac{x-2{,}5}{4} = \frac{y-650}{566{,}25} \qquad \text{et} \qquad 566{,}25x - 1\,415{,}625 = 4y - 2\,600.$$

Cette dernière équation est équivalente à

$$4y = 566{,}25x + 1\,184{,}375.$$

Par conséquent,

$$(G_1G_2) : y = 141{,}562\,5x + 296{,}093\,75.$$

(c) Pour $x = 10$, cette équation réduite de la droite de Mayer livre

$$y = 141{,}562\,5 \times 10 + 296{,}093\,75 = 1\,415{,}625 + 296{,}093\,75 = 1\,711{,}718\,75.$$

Ainsi, l'année de rang 10, le site touristique aura **1 712** visiteurs, à l'unité près par excès.

Solution de l'Exercice 2.

Une urne contient dix boules indiscernables au toucher. Quatre de ces boules sont rouges et le reste est noire.

1.

On tire simultanément deux boules de cette urne. Soit Ω l'univers des possibles de cette expérience aléatoire. Alors,
$$\operatorname{card}(\Omega) = \mathbf{C}_{10}^{2} = 45,$$
car chaque tirage est une combinaison de 2 parmi 10.

(a) Soit p_1 la probabilité de l'évènement A : « avoir une boule de chaque couleur ». Pour réaliser cet évènement, il faut tirer une des deux boules parmi les quatre rouges et l'autre parmi les six noires. Ainsi,
$$p_1 = \frac{\operatorname{card}(A)}{\operatorname{card}(\Omega)} = \frac{\mathbf{C}_4^1 \times \mathbf{C}_6^1}{45} = \frac{4 \times 6}{45} = \frac{24}{45} = \frac{8}{15}.$$

(b) Soit p_2 la probabilité de l'évènement B : « avoir exactement deux boules rouges ». Pour accomplir cet évènement, il faut tires les deux boules parmi les quatre boules rouges. Donc, $\operatorname{card}(B) = \mathbf{C}_4^2 = 6$, puis
$$p_2 = \frac{6}{45} = \frac{2}{15}.$$

(c) Soit p_3 la probabilité de l'évènement C : « avoir moins de deux boules rouges ». Ce dernier a pour évènement contraire B : « avoir exactement deux boules rouges ». De ce fait,
$$p_3 = \mathbb{P}(C) = 1 - \mathbb{P}(B) = 1 - \frac{2}{15} = \frac{15-2}{15} = \frac{13}{15}.$$

L'évènement C peut aussi être regardé comme étant la conjonction des évènements incompatibles suivants :

C_1 – « avoir zéro boule rouge, c'est-à-dire deux boules noires » ;
C_2 – « avoir une boule rouge et une boule noire ».

Cependant,
$$\text{card}(C_1) = \mathbf{C}_6^2 = 15 \quad \text{et} \quad \text{card}(C_2) = \mathbf{C}_4^1 \times \mathbf{C}_6^1 = 4 \times 6 = 24$$
Il en résulte que
$$p_3 = \mathbb{P}(C_1) + \mathbb{P}(C_2) = \frac{15}{45} + \frac{24}{45} = \frac{39}{45} = \frac{13}{15}.$$

2.

Ici, on tire une boule de l'urne qu'on ne remet pas, puis on tire une seconde. Soit Ω' l'univers des possibles de cette expérience aléatoire. Alors,
$$\text{card}(\Omega) = \mathbf{A}_{10}^2 = 90,$$
puisque chaque tirage est un arrangement de 2 parmi 10.

(a) La probabilité p_4 d'avoir une boule de chaque couleur est égale à celle de la conjonction des évènements incompatibles suivants :

D_1 – « avoir une boule rouge au premier tirage et une boule noire au deuxième tirage » ;

D_2 – « avoir une boule noire au premier tirage et une boule rouge au deuxième tirage ».

Or,
$$\text{card}(D_1) = \mathbf{A}_4^1 \times \mathbf{A}_6^1 = 4 \times 6 = 24$$
et
$$\text{card}(D_2) = \mathbf{A}_6^1 \times \mathbf{A}_4^1 = 6 \times 4 = 24.$$
Par conséquent,
$$p_4 = \mathbb{P}(D_1 \cup D_2) = \mathbb{P}(D_1) + \mathbb{P}(D_2) = \frac{24}{90} + \frac{24}{90} = \frac{48}{90} = \frac{8}{15}.$$

(b) La probabilité p_5 d'avoir une boule rouge au premier tirage est égale à celle de la conjonction des évènements incompatibles suivants :

D_1 – « avoir une boule rouge au premier tirage et une boule noire au deuxième tirage » ;

D_3 – « avoir deux boules rouges ».

Puisque $\text{card}(D_3) = \mathbf{A}_4^2 = 12$, il en découle que
$$p_5 = \mathbb{P}(D_1 \cup D_3) = \mathbb{P}(D_1) + \mathbb{P}(D_3) = \frac{24}{90} + \frac{12}{90} = \frac{36}{90} = \frac{2}{5}.$$

Solution du Problème.

Soit f la fonction définie dans $\mathbb{R}$ par
$$\begin{cases} f(0) = 2, \\ f(x) = x\ln x + 2 \text{ si } x \neq 0, \end{cases}$$
puis $(\mathcal{C}_f)$ sa courbe représentative dans un repère orthonormé $\left(O, \vec{i}, \vec{j}\right)$.

1.

(a) Soit x un nombre réel. Alors, l'expression $x\ln x + 2$ est définie si et seulement si $x > 0$. L'ensemble de définition de f est de ce fait
$$D_f = \{0\} \cup]0, +\infty[= [0, +\infty[.$$
Les limites de f aux bornes de cet ensemble de définition sont
$$\lim_{x \to 0^+} f(x) = \lim_{x \to 0^+} (x\ln x + 2) = 0 + 2 = 2,$$
et
$$\lim_{x \to +\infty} f(x) = \lim_{x \to +\infty} (x\ln x + 2) = +\infty \times +\infty = +\infty,$$
puisque
$$\lim_{x \to 0^+} x\ln x = 0 \quad \text{et} \quad \lim_{x \to +\infty} \ln x = +\infty.$$

(b) La fonction f est continue à droite de 0, car
$$\lim_{x \to 0^+} f(x) = 2 = f(0).$$

2.

(a) Soit un nombre réel $x > 0$. Alors,
$$f'(x) = (x\ln x + 2)' = (x\ln x)' + (2)' = (x)'\ln x + x(\ln x)' + 0$$
$$= \ln x + x \times \frac{1}{x}$$
$$= \ln x + 1.$$

(b) Soit $x \in]0, +\infty[$. De ce qui précède, $f'(x) > 0$ si et seulement si $\ln x + 1 > 0$. Ceci équivaut à $\ln x > -1$ ou $\ln x > \ln e^{-1}$, c'est-à-dire
$$x > e^{-1} = \frac{1}{e},$$
car le logarithme népérien est une fonction strictement croissante. L'équivalence suivante est donc satisfaite :
$$f'(x) > 0 \Leftrightarrow x \in \left]\tfrac{1}{e}, +\infty\right[.$$

3.

La précédente équivalence montre que la fonction f est strictement croissante sur l'intervalle $\left]\tfrac{1}{e}, +\infty\right[$. Au demeurant, pour tout réel positif non nul, $f'(x) < 0$ si et seulement si $x \in \left]0, \tfrac{1}{e}\right[$. La fonction f est donc strictement décroissante sur l'intervalle $\left]0, \tfrac{1}{e}\right[$. Par ailleurs, la dérivée de f s'annule et change de signe en $x = \tfrac{1}{e}$. La courbe $(\mathcal{C}_f)$ admet de ce fait une tangente horizontale au point d'abscisse $x = \tfrac{1}{e}$ et d'ordonnée
$$y = f\left(\frac{1}{e}\right) = \frac{1}{e}\ln\left(\frac{1}{e}\right) + 2 = 2 - \frac{1}{e} \approx 1{,}63.$$

En outre, d'après la question **(4.a)**, la fonction f n'est pas dérivable en 0. Le tableau de variation de f ci-dessous propose une vue d'ensemble de ces informations :

x	0		$\frac{1}{e}$		$+\infty$
$f'(x)$	‖	$-$	0	$+$	
$f(x)$	2	↘		↗	$+\infty$
			$2 - \frac{1}{e}$		

4.

(a) Pour tout réel $x \in\ ]0, +\infty[$, nous avons
$$\frac{f(x) - f(0)}{x} = \frac{x \ln x + 2 - 2}{x} = \ln x.$$
Par conséquent,
$$\lim_{x \to 0^+} \frac{f(x) - f(0)}{x} = \lim_{x \to 0^+} \ln x = -\infty.$$
De ce fait, la courbe $(\mathcal{C}_f)$ admet une demi-tangente verticale au point de coordonnées $A(0, 2)$.

(b) La courbe $(\mathcal{C}_f)$ coupe l'axe des ordonnées en ce point $A(0, 2)$. Mais, elle ne rencontre pas l'axe des abscisses, dans la mesure où $f(x) > 0$ pour tout $x \in D_f$. Les coordonnées d'autres points de $(\mathcal{C}_f)$ sont dévoilées par la table de valeurs ci-dessous :

x	$\frac{1}{e} \approx 0{,}36$	0,5	1	2	3
$f(x)$	1,63	1,65	2	3,38	5,29

Le schéma 6.2 à la page 98 révèle la courbe représentative $(\mathcal{C}_f)$ de f (avec 1,5 cm pour unité sur les axes), qui admet en $+\infty$ une branche parabolique de direction l'axe des ordonnées.

5.

Soit F la fonction définie dans $]0, +\infty[$ par
$$F(x) = -\frac{x^2}{4} + \frac{x^2 \ln x}{2} + 2x.$$

(a) Alors, pour chaque $x \in\ ]0, +\infty[$, nous avons
$$F'(x) = -\frac{(x^2)'}{4} + \frac{(x^2 \ln x)'}{2} + (2x)' = -\frac{2x}{4} + \frac{((x^2)' \ln x + x^2 (\ln x)')}{2} + 2$$
$$= -\frac{x}{2} + \frac{1}{2}\left(2x \ln x + \frac{x^2}{x}\right) + 2$$
$$= -\frac{x}{2} + x \ln x + \frac{x}{2} + 2 = x \ln x + 2$$
$$= f(x).$$

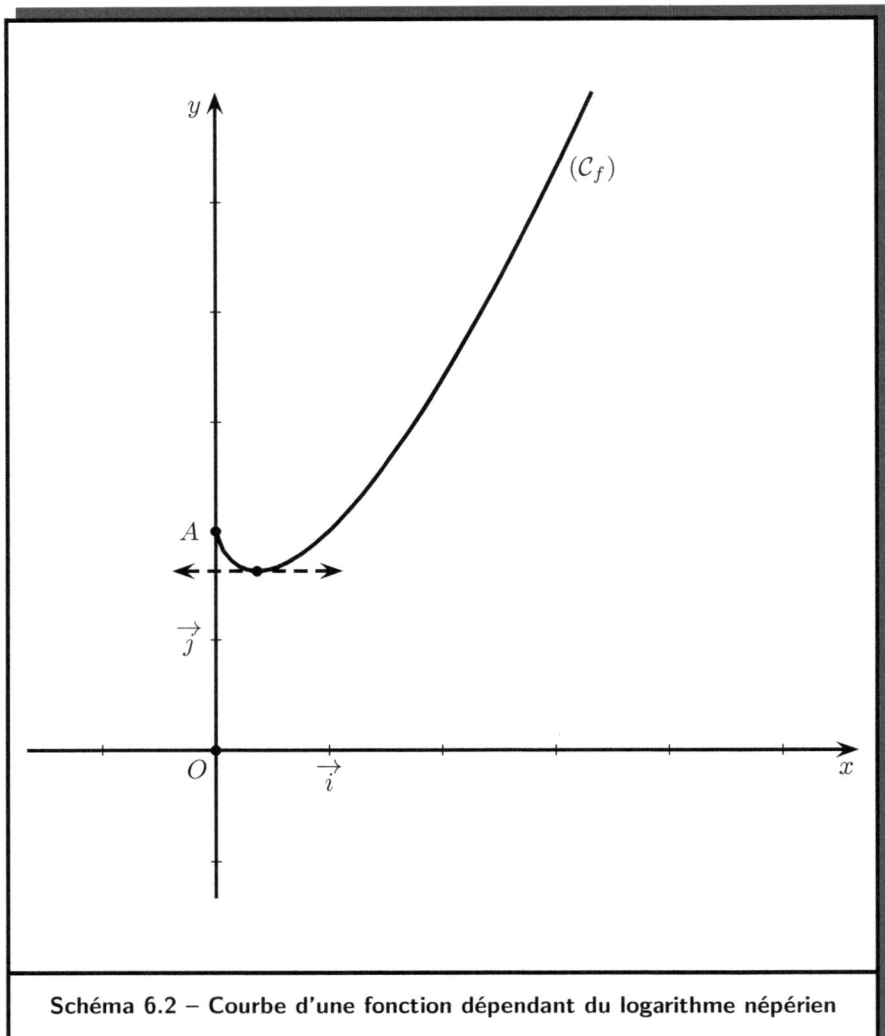

Schéma 6.2 – Courbe d'une fonction dépendant du logarithme népérien

(b) La fonction F est donc une primitive de f. Soit G la primitive de f qui s'annule en 1. Alors, il existe une constante réelle k telle que

$$G(x) = F(x) + k$$

pour tout $x \in]0, +\infty[$. En particulier,

$$0 = G(1) = F(1) + k = -\frac{1}{4} + \frac{1 \times 0}{2} + 2 + k = -\frac{1}{4} + 2 + k = k + \frac{7}{4},$$

c'est-à-dire $k = -\frac{7}{4}$. Par conséquent, la primitive G de f qui s'annule en 1 est définie par

$$G(x) = F(x) - \frac{7}{4} = -\frac{x^2}{4} + \frac{x^2 \ln x}{2} + 2x - \frac{7}{4}.$$

6.3. Notes et commentaires sur le sujet 2014

Échelle du graphique de l'Exercice 1

L'Exercice 1 à la page 87 convie les candidats à l'étude de l'évolution du nombre de visiteurs d'un site touristique sur huit années, sous la forme d'une série statistique double. L'énoncé original de la première question de cet exercice demande de représenter le nuage de points de la série, dans un repère orthogonal avec 1 cm pour une année en abscisses et 1 cm pour 200 visiteurs en ordonnées. L'échelle d'un centimètre pour 100 visiteurs en ordonnées a toutefois été adoptée ici, pour une meilleure lecture du graphique.

Chapitre 7

Session 2015

7.1. Sujet 2015

Ce sujet se compose de deux exercices et d'un problème, tous obligatoires.

Exercice 1 : Systèmes d'équations – Calcul de probabilités.

Partie A.

1. Résoudre dans $\mathbb{R}^3$ par la méthode du pivot de GAUSS le système suivant :
$$\begin{cases} x - 2y + 3z = 13, \\ 2x - y - 3z = -4, \\ 3x + 2y - 4z = 8. \end{cases}$$

2. Déduire de la question précédente l'ensemble solution dans $\mathbb{R}^3$ du système suivant :
$$\begin{cases} \ln x - 2\ln y + 3\ln z = 13, \\ 2\ln x - \ln y - 3\ln z = -4, \\ 3\ln x + 2\ln y - 4\ln z = 8. \end{cases}$$

Partie B.

Une urne contient deux boules noires, trois boules rouges et quatre boules vertes, toutes indiscernables au toucher. On tire au hasard et simultanément trois boules de l'urne. Déterminer la probabilité de chacun des évènements suivants :

1. A – « les boules tirées sont de couleurs différentes ».
2. B – « les boules tirées sont de la même couleur ».
3. C – « parmi les boules tirées, il y a au moins une boule noire ».

Exercice 2 : Évolution du chiffre d'affaires d'une entreprise.

Le tableau suivant donne le chiffre d'affaires d'une entreprise, exprimé en millions de francs pendant huit années consécutives.

Numéro de l'année (x)	1	2	3	4	5	6	7	8
Chiffre d'affaires (y)	41	67	55	80	95	104	100	122

1. Représenter le nuage de points associé à cette série (x, y) dans le plan muni d'un repère orthogonal.
2. Utiliser la méthode de MAYER pour déterminer une équation d'une droite d'ajustement ($\mathcal{D}$) du nuage, de la forme $y = ax + b$.
3. Tracer la droite ($\mathcal{D}$) sur le graphique de la question **(1)**.
4. Estimer le chiffre d'affaires de cette entreprise pour la douzième année.

Problème : Quotient d'un polynôme et de l'exponentielle.

On considère la fonction f définie sur $\mathbb{R}$ par $f(x) = (x+2)e^{-x}$.

1. (a) Donner le domaine de définition de f sous forme d'intervalle.
   (b) Montrer que $f(x)$ tend vers $-\infty$ quand x tend vers $-\infty$.
   (c) Montrer que $f(x)$ tend vers 0 quand x tend vers $+\infty$. Que peut-on conclure ?
2. (a) On note f' la dérivée première de la fonction f. Démontrer que $f'(x) = (-x-1)e^{-x}$ pour tout réel x.

(b) Étudier le signe de $f'(x)$ et dresser le tableau de variation de f.
3. Déterminer une équation cartésienne de la tangente $(\mathcal{D})$ à la courbe $(\mathcal{C})$ de f dans un repère orthonormé du plan, au point d'abscisse 0.
4. Déterminer les coordonnées des points d'intersection de $(\mathcal{C})$ avec les axes de coordonnées.
5. Tracer dans le même repère orthonormé la droite $(\mathcal{D})$, la courbe $(\mathcal{C})$ et la droite (Δ) d'équation $y = 2$.
6. Résoudre graphiquement dans $[-1, +\infty[$:
   (a) l'équation $f(x) = 2$;
   (b) l'inéquation $f(x) > 2$;
   (c) l'inéquation $f(x) \leq 2$.
7. Soit la fonction F définie sur $\mathbb{R}$ par $F(x) = (-x - 3)e^{-x}$.
   (a) Calculer $F'(x)$ et en déduire une primitive de f sur $\mathbb{R}$.
   (b) On pose $g(x) = (x + 2)e^{-x} + 2x$. Déterminer la primitive de g sur $\mathbb{R}$ qui prend la valeur -2 en 0.

7.2. Corrigé 2015

Solution de l'Exercice 1.

Partie A.

1.

Soit S l'ensemble des solutions dans $\mathbb{R}^3$ du système suivant :

$$\begin{cases} x - 2y + 3z = 13, & (E_1) \\ 2x - y - 3z = -4, & (E_2) \\ 3x + 2y - 4z = 8. & (E_3) \end{cases} \quad (\mathbf{E})$$

Conformément à la méthode du pivot de Gauss, nous éliminons tout d'abord x dans les équations (E_2) et (E_3), en réalisant les combinaisons linéaires suivantes :

$$\frac{1}{3} \times \Big((E_2) - 2(E_1)\Big) \qquad \text{et} \qquad (E_3) - 3(E_1).$$

Nous obtenons alors le système équivalent suivant :

$$\begin{cases} x - 2y + 3z = 13, & (E_1) \\ y - 3z = -10, & (E_2') \\ 8y - 13z = -47. & (E_3') \end{cases}$$

Dans le même esprit, nous éliminons maintenant y dans l'équation (E_3') en opérant la combinaison linéaire $(E_3') - 8(E_2')$. Il en résulte le système équivalent à (**E**) suivant :

$$\begin{cases} x - 2y + 3z = 13, \\ y - 3z = -10, \\ 11z = 33. \end{cases}$$

Ce système triangulaire équivaut à

$$\begin{cases} z = 3, \\ y = -10 + 3z = -10 + 9 = -1, \\ x = 13 + 2y - 3z = 13 - 2 - 9 = 2. \end{cases}$$

L'ensemble des solutions du système d'équations (**E**) est par conséquent

$$S = \Big\{(2, -1, 3)\Big\}.$$

2.

Un triplet (x, y, z) de réels est une solution du système

$$\begin{cases} \ln x - 2\ln y + 3\ln z = 13, \\ 2\ln x - \ln y - 3\ln z = -4, \\ 3\ln x + 2\ln y - 4\ln z = 8, \end{cases} \quad (\mathbf{E'})$$

si et seulement si chacune des composantes x, y et z est strictement positive, puis le triplet $(\ln x, \ln y, \ln z)$ est une solution du système (**E**). Ceci équivaut à $(\ln x, \ln y, \ln z) = (2, -1, 3)$, c'est-à-dire $(x, y, z) = (e^2, e^{-1}, e^3)$. L'ensemble des solutions du système d'équations (**E**) est donc

$$S' = \left\{\left(e^2, \frac{1}{e}, e^3\right)\right\}.$$

Partie B.

Une urne contient deux boules noires, trois boules rouges et quatre boules vertes, toutes indiscernables au toucher. On tire au hasard et simultanément trois boules de l'urne. Chaque tirage de l'univers Ω des possibles de cette expérience aléatoire correspond à l'ensemble des combinaisons de 3 dans 9, le nombre total des boules de l'urne. Ainsi,

$$\operatorname{card}(\Omega) = \mathbf{C}_9^3 = 84.$$

1.

Pour réaliser l'évènement A – « les boules tirées sont de couleurs différentes », il faut tirer une boule de chaque couleur. De ce fait,

$$\operatorname{card}(A) = \mathbf{C}_2^1 \times \mathbf{C}_3^1 \times \mathbf{C}_4^1 = 2 \times 3 \times 4 = 24.$$

La probabilité de cet évènement A est donc

$$\mathbb{P}(A) = \frac{24}{84} = \frac{2}{7}.$$

2.

Dans la mesure où il n'y a que deux boules noires dans l'urne, l'évènement B – « les boules tirées sont de la même couleur », est la conjonction des évènements incompatibles suivants :

B_1 – « les boules tirées sont toutes rouges » ;
B_2 – « les boules tirées sont toutes vertes ».

Par conséquent,

$$\begin{aligned}\operatorname{card}(B) = \operatorname{card}(B_1 \cup B_2) &= \operatorname{card}(B_1) + \operatorname{card}(B_2) \\ &= \mathbf{C}_3^3 + \mathbf{C}_4^3 \\ &= 1 + 4 = 5.\end{aligned}$$

La probabilité de l'évènement B est de ce fait

$$\mathbb{P}(B) = \frac{5}{84}.$$

3.

Les évènements C – « parmi les boules tirées, il y a au moins une boule noire », et $\overline{C}$ – « parmi les boules tirées, il n'y a aucune boule noire ». Cependant, l'urne contient sept boules qui ne sont pas noires. D'où

$$\operatorname{card}\left(\overline{C}\right) = \mathbf{C}_3^7 = 35.$$

Ainsi, la probabilité de l'évènement C est

$$\mathbb{P}(C) = 1 - \mathbb{P}\left(\overline{C}\right) = 1 - \frac{35}{84} = \frac{7}{12}.$$

De manière alternative, nous remarquons que l'évènement C – « parmi les boules tirées, il y a au moins une boule noire », est la conjonction des évènements incompatibles suivants :

C_1 – « parmi les boules tirées, il y a exactement une boule noire » ;
C_2 – « parmi les boules tirées, il y a exactement deux boules noires ».

Il en résulte que

$$\operatorname{card}(C) = \operatorname{card}(C_1 \cup C_2) = \operatorname{card}(C_1) + \operatorname{card}(C_2) = \mathbf{C}_2^1 \times \mathbf{C}_7^2 + \mathbf{C}_2^2 \times \mathbf{C}_7^1$$
$$= 2 \times 21 + 1 \times 7 = 42 + 7 = 49,$$

et que la probabilité de l'évènement C est

$$\mathbb{P}(C) = \frac{49}{84} = \frac{7}{12}.$$

Solution de l'Exercice 2.

Le tableau suivant donne le chiffre d'affaires d'une entreprise, exprimé en millions de francs pendant huit années consécutives.

Numéro de l'année (x)	1	2	3	4	5	6	7	8
Chiffre d'affaires (y)	41	67	55	80	95	104	100	122

1.

Le schéma 7.1 à la page 108 expose le nuage de points de cette série statistique (x, y), représenté dans un repère orthogonal dont l'origine est le point de coordonnées $(20, 0)$, avec $1\,\text{cm}$ pour une année en abscisses, et $1\,\text{cm}$ pour 10 millions de francs en ordonnées.

2.

Pour l'ajustement linéaire de cette série selon la méthode de MAYER, nous la divisons en deux sous-séries de même effectif.

La première sous série est définie par le tableau suivant :

Numéro de l'année (x)	1	2	3	4
Chiffre d'affaires (y)	41	67	55	80

L'abscisse et l'ordonnée du point moyen G_1 de cette sous-série sont respectivement
$$\overline{x_1} = \frac{1+2+3+4}{4} = \frac{10}{4} = 2{,}5$$
et
$$\overline{y_1} = \frac{41+67+55+80}{4} = \frac{243}{4} = 60{,}75.$$
En d'autres termes, $G_1(2{,}5;\ 60{,}75)$.

La seconde sous-série est donnée par le tableau suivant :

Numéro de l'année (x)	5	6	7	8
Chiffre d'affaires (y)	95	104	100	122

L'abscisse et l'ordonnée du point moyen G_2 de cette sous-série sont respectivement
$$\overline{x_2} = \frac{5+6+7+8}{4} = \frac{26}{4} = 6{,}5$$
et
$$\overline{y_2} = \frac{95+104+100+122}{4} = \frac{421}{4} = 105{,}25.$$
Autrement dit, $G_2(6{,}5;\ 105{,}25)$.

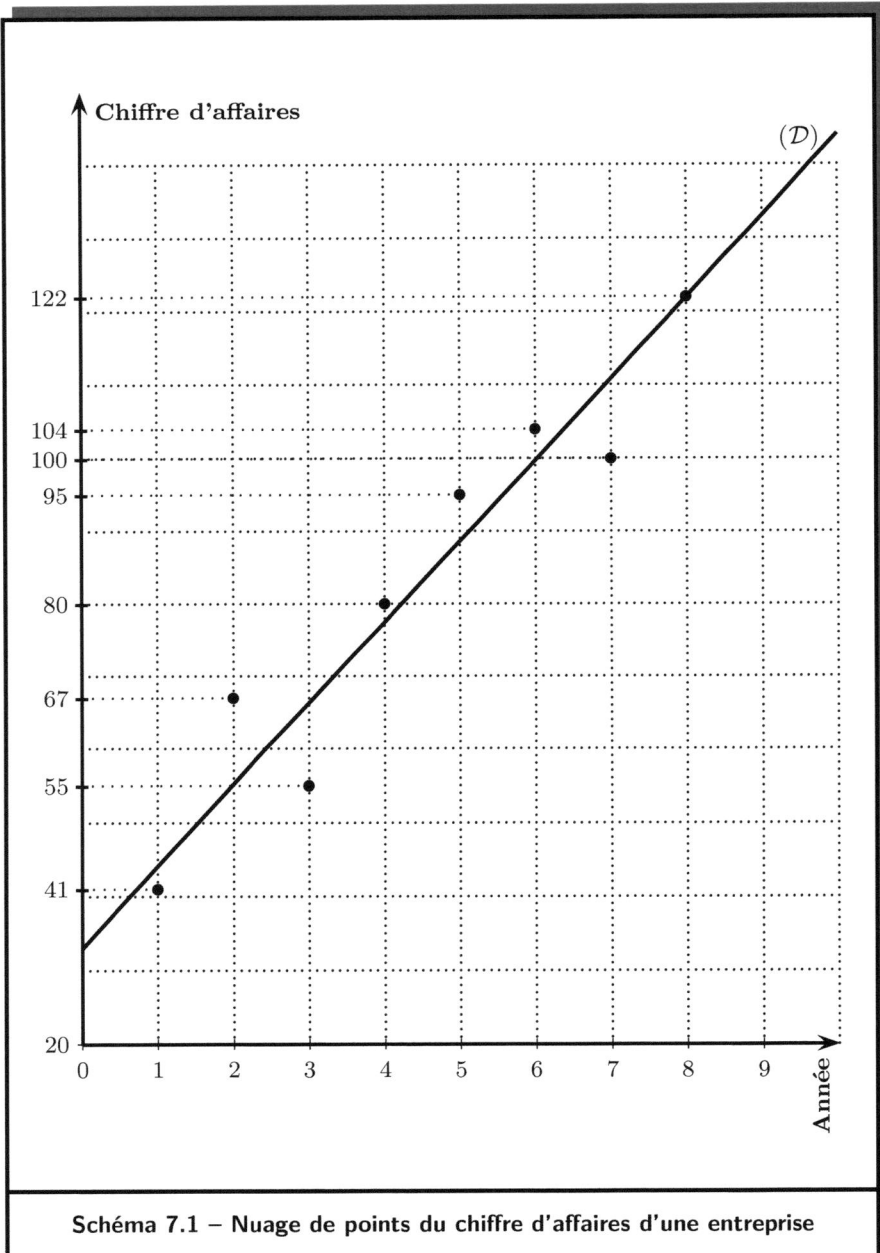

Schéma 7.1 – Nuage de points du chiffre d'affaires d'une entreprise

Selon la méthode de MAYER, la droite d'ajustement est (G_1G_2). Un point $M(x, y)$ appartient à (G_1G_2) si et seulement si les vecteurs

$$\overrightarrow{G_1M}(x - 2{,}5; y - 60{,}75) \quad \text{et} \quad \overrightarrow{G_1M}(4; 44{,}5)$$

sont colinéaires. Ceci signifie que

$$\frac{x - 2{,}5}{4} = \frac{y - 60{,}75}{44{,}5},$$

c'est-à-dire

$$44{,}5x - 111{,}25 = 4y - 243$$

et

$$4y = 44{,}5x + 131{,}75.$$

Pour la série statistique étudiée ici, une équation cartésienne de la droite d'ajustement $(\mathcal{D})$ de MAYER est donc

$$y = 11{,}125x + 32{,}937\,5.$$

3.

Cette droite d'ajustement $(\mathcal{D})$ est dessinée avec le nuage de points sur le schéma 7.1 à la page 108. Elle intègre les points dont les coordonnées respectives sont contenues dans la table de valeurs suivante :

x	0	10
y	32,937 5	144,187 5

4.

Pour $x = 12$, l'équation de la droite $(\mathcal{D})$ de Mayer donne

$$y = 11{,}125 \times 12 + 32{,}937\,5 = 166{,}437\,5.$$

La douzième année, le chiffre d'affaires de cette entreprise sera donc de l'ordre de 166,437 5 millions.

Solution du Problème.

Soit f la fonction définie sur $\mathbb{R}$ par $f(x) = (x+2)e^{-x}$.

1.

(a) La fonction f est le quotient de deux fonctions définies chacune sur $\mathbb{R}$. Elle est précisément le quotient du polynôme $x+2$ par la fonction exponentielle ; en effet,
$$f(x) = \frac{x+2}{e^x}.$$
Puisque $e^x > 0$ pour tout $x \in \mathbb{R}$, le domaine de définition de f est donc
$$D_f = \mathbb{R} =]-\infty, +\infty[$$

(b) Nous avons
$$\lim_{x \to -\infty}(x+2) = \lim_{x \to -\infty} x = -\infty$$
et
$$\lim_{x \to -\infty} e^{-x} = \lim_{t \to +\infty} e^t = +\infty.$$
Par conséquent,
$$\lim_{x \to -\infty} f(x) = \lim_{x \to -\infty}(x+2)e^{-x} = -\infty \times +\infty = -\infty.$$

(c) À l'évidence, $f(x) = xe^{-x} + 2e^{-x}$ pour tout réel x. Cependant,
$$\lim_{x \to +\infty} xe^{-x} = \lim_{t \to -\infty} -te^t = 0$$
et
$$\lim_{x \to +\infty} e^{-x} = \lim_{t \to -\infty} e^t = 0.$$
De ce fait,
$$\lim_{x \to +\infty} f(x) = \lim_{x \to +\infty}(xe^{-x} + 2e^{-x}) = 0 + 2 \times 0 = 0.$$
Ceci signifie que la droite d'équation $y = 0$, l'axe des abscisses, est asymptote horizontale à la courbe représentative de f, quand x tend vers $+\infty$.

2.

(a) Soit x un nombre réel. Alors,
$$f'(x) = (x+2)'e^{-x} + (x+2)(e^{-x})' = e^{-x} + (x+2)\cdot(-x)'e^{-x}$$
$$= e^{-x} + (-x-2)e^{-x} = (1-x-2)e^{-x}.$$

Tout compte fait,
$$f'(x) = (-x-1)e^{-x}$$

pour chaque $x \in \mathbb{R}$.

(b) Puisque $e^{-x} > 0$ pour tout $x \in \mathbb{R}$, la dérivée $f'(x)$ a le même signe et les mêmes racines que $-x-1$. Ainsi,
$$\begin{cases} f'(x) > 0 & \text{si } x < -1, \\ f'(x) = 0 & \text{si } x = -1, \\ f'(x) < 0 & \text{si } x > -1. \end{cases}$$

La fonction f est donc strictement croissante sur $]-\infty, -1]$, strictement décroissante sur $[-1, +\infty[$. Cependant, sa courbe représentative admet une tangente horizontale au point P d'abscisse -1 et d'ordonnée
$$f(-1) = (-1+2)e^{-(-1)} = e.$$

Ces informations permettent de construire le tableau de variation suivant :

x	$-\infty$		-1		$+\infty$
$f'(x)$		$+$	0	$-$	
$f(x)$	$-\infty$	↗	e	↘	0

3.

Dans un repère orthonormé du plan, la tangente $(\mathcal{D})$ à la courbe $(\mathcal{C})$ de f, au point d'abscisse 0, a pour équation cartésienne
$$y = f'(0)(x - 0) + f(0).$$

Dans la mesure où
$$f'(0) = (-0 - 1)e^{-0} = -1 \qquad \text{et} \qquad f(0) = (0+2)e^{-0} = 2,$$
nous avons précisément
$$(\mathcal{D}) : y = -x + 2.$$

4.

L'égalité $f(0) = 2$ montre que la courbe $(\mathcal{C})$ de f coupe l'axe des ordonnées au point $A(0,2)$.

Au demeurant, l'équation $f(x) = 0$, c'est-à-dire $(x+2)e^{-x} = 0$, est équivalente à $x + 2 = 0$, puis à $x = -2$, car $e^{-x} > 0$ pour tout réel x. De ce fait, la courbe $(\mathcal{C})$ coupe l'axe des abscisses au point $B(-2, 0)$.

5.

Le schéma 7.2 à la page 113 exhibe les représentations graphiques de la droite $(\mathcal{D})$, de la courbe $(\mathcal{C})$ de f, et de la droite (Δ) d'équation $y = 2$, dans un repère orthonormé $\left(O, \vec{i}, \vec{j}\right)$, avec 1 cm pour unité sur les axes.

Ce schéma illustre bien que la droite $(\mathcal{D})$ est tangente à la courbe $(\mathcal{C})$ au point $A(0,2)$. Cette droite $(\mathcal{D})$ passe du reste par le point de coordonnées $(2,0)$. Ceci se déduit aisément de son équation réduite $y = -x + 2$.

Il sied ici de rappeler que la courbe $(\mathcal{C})$ admet une tangente horizontale au point $P(-1, e)$, ainsi que l'axe des abscisses pour asymptote horizontale en $+\infty$. Ces faits sont mis en exergue sur le tracé de la courbe $(\mathcal{C})$, qui intègre également les points dont les coordonnées sont données par la table de valeurs suivante :

x	$-2,4$	$-2,2$	-1	1	2
$f(x)$	$-4,4$	$-1,8$	$e \approx 2,718$	$1,1$	$0,54$

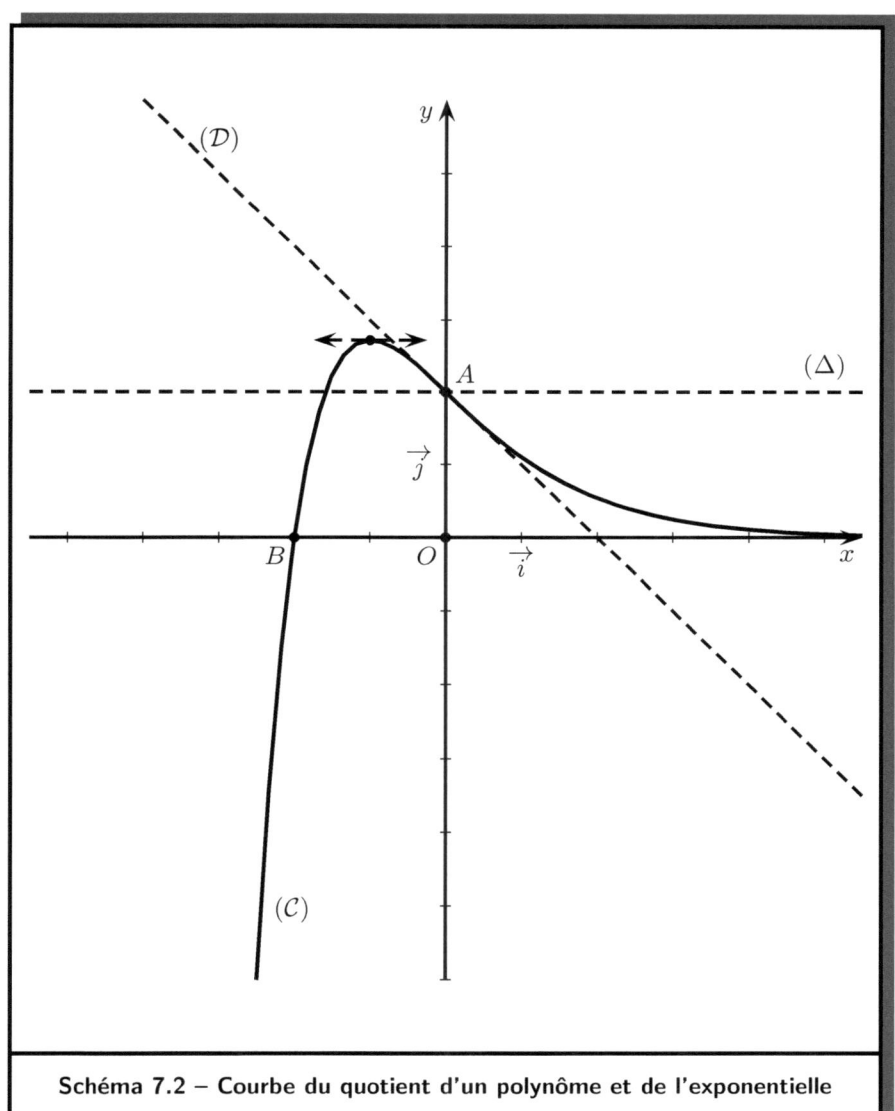

Schéma 7.2 – Courbe du quotient d'un polynôme et de l'exponentielle

6.

(a) Pour les points ayant une abscisse supérieure ou égale à -1, la courbe $(\mathcal{C})$ de f et la droite (Δ) d'équation $y = 2$ se rencontrent exclusivement au point $A(0, 2)$ (voir le schéma 7.2 à la page 113). De ce fait, l'ensemble des solutions de l'équation $f(x) = 2$ dans $[-1, +\infty[$ est le singleton $\{0\}$.

(b) Pour les points ayant une abscisse $x \in [-1, +\infty[$, la courbe $(\mathcal{C})$ de f est au-dessus de la droite (Δ) d'équation $y = 2$ si et seulement si $x \in [-1, 0[$ (voir le schéma 7.2 à la page 113). Il en résulte que l'ensemble des solutions de l'inéquation $f(x) > 2$ dans $[-1, +\infty[$ est l'intervalle $[-1, 0[$.

(c) Pour les points ayant une abscisse $x \in [-1, +\infty[$, la courbe $(\mathcal{C})$ de f est en dessous de la droite (Δ) d'équation $y = 2$ si et seulement si $x \in]0, +\infty[$ (voir le schéma 7.2 à la page 113). Par conséquent, l'ensemble des solutions de l'inéquation $f(x) \leq 2$ dans $[-1, +\infty[$ est l'intervalle $[0, +\infty[$.

7.

Soit la fonction F définie sur $\mathbb{R}$ par $F(x) = (-x - 3)e^{-x}$.

(a) Alors, pour tout réel x, nous avons

$$F'(x) = (-x - 3)'e^{-x} + (-x - 3)(e^{-x})' = -e^{-x} + (-x - 3) \cdot (-x)'e^{-x}$$
$$= -e^{-x} + (x + 3)e^{-x} = (-1 + x + 3)e^{-x} = (x + 2)e^{-x} = f(x).$$

Ainsi, $F' = f$. Ceci signifie que F est une primitive de f sur $\mathbb{R}$.

(b) Soit $g(x) = (x + 2)e^{-x} + 2x$ pour tout réel x. Alors,

$$g(x) = F'(x) + (x^2)' = \left(F(x) + x^2\right)'.$$

De ce fait, si G désigne la primitive de g sur $\mathbb{R}$ qui prend la valeur -2 en 0, alors il existe une constante réelle k telle que

$$G(x) = F(x) + x^2 + k$$

pour chaque $x \in \mathbb{R}$. En particulier,

$$-2 = G(0) = F(0) + 0^2 + k = (-0 - 3)e^{-0} + k = -3 + k.$$

D'où $k = -2 + 3 = 1$. La primitive G de g sur $\mathbb{R}$, qui prend la valeur -2 en 0, est donc définie par

$$G(x) = (-x - 3)e^{-x} + x^2 + 1.$$

7.3. Notes et commentaires sur le sujet 2015

La sixième question du Problème de la session 2015 convie à la résolution graphique d'une équation, d'une inéquation stricte et d'une inéquation large. Ces tâches s'inscrivent dans le sillage de la question **(5.c)** du Problème de la session 2013, qui invitait déjà à résoudre graphiquement une inéquation stricte. Les réponses à ces questions découlent de considérations générales qu'il sied de rappeler ici.

Résolution graphique d'équations et d'inéquations dans $\mathbb{R}$

Soient f et g deux fonctions d'une variable réelle à valeurs dans $\mathbb{R}$, puis D_f et D_g leurs ensembles de définitions respectifs, ainsi que $(\mathcal{C}_f)$ et $(\mathcal{C}_g)$ leurs courbes représentatives respectives.

Un réel x est une solution de l'équation

$$f(x) = g(x) \qquad (\mathbf{E})$$

si et seulement s'il appartient à $D_f \cap D_g$ et est l'abscisse d'un point de l'intersection des courbes $(\mathcal{C}_f)$ et $(\mathcal{C}_g)$. Cette équivalence induit la démarche suivante.

> **Méthode de résolution graphique de l'équation (E) :**
> 1. Tracez les courbes $(\mathcal{C}_f)$ et $(\mathcal{C}_g)$.
> 2. Identifiez les points d'intersection de ces deux courbes.
> 3. L'ensemble des solutions de l'équation (**E**) est constitué des abscisses respectives de ces points d'intersection.

Un intervalle K de $\mathbb{R}$ est contenu dans l'ensemble des solutions de l'inéquation

$$f(x) < g(x) \qquad (\mathbf{I}_s)$$

si et seulement si K est une partie de $D_f \cap D_g$ et la courbe $(\mathcal{C}_f)$ est en dessous de $(\mathcal{C}_g)$ (ou $(\mathcal{C}_g)$ est au-dessus de $(\mathcal{C}_f)$) pour tous les points ayant pour abscisse un élément de l'intervalle K. Ceci a pour conséquence le procédé suivant.

> **Méthode de résolution graphique de l'inéquation $(\mathbf{I}_s)$:**
>
> 1. Tracez les courbes $(\mathcal{C}_f)$ et $(\mathcal{C}_g)$.
> 2. Identifiez sur l'axe des abscisses les intervalles pour lesquels la courbe $(\mathcal{C}_f)$ est en dessous de $(\mathcal{C}_g)$ (ou pour lesquels la courbe $(\mathcal{C}_g)$ est au-dessus de $(\mathcal{C}_g)$).
> 3. Réunissez alors les intervalles ainsi identifiés pour obtenir l'ensemble des solutions de l'inéquation $(\mathbf{I}_s)$.

Un intervalle K de $\mathbb{R}$ est contenu dans l'ensemble des solutions de l'inéquation
$$f(x) \leq g(x) \qquad (\mathbf{I}_\ell)$$
si et seulement si K est une partie de $D_f \cap D_g$ et la courbe $(\mathcal{C}_f)$ est confondue à $(\mathcal{C}_g)$ ou en dessous de $(\mathcal{C}_g)$ (c'est-à-dire $(\mathcal{C}_g)$ est confondue à $(\mathcal{C}_f)$ ou au-dessus de $(\mathcal{C}_f)$) pour tous les points ayant pour abscisse un élément de l'intervalle K. Il en résulte la technique suivante.

> **Méthode de résolution graphique de l'inéquation $(\mathbf{I}_\ell)$:**
>
> 1. Tracez les courbes $(\mathcal{C}_f)$ et $(\mathcal{C}_g)$.
> 2. Identifiez sur l'axe des abscisses les intervalles pour lesquels la courbe $(\mathcal{C}_f)$ est confondue à $(\mathcal{C}_g)$ ou en dessous de $(\mathcal{C}_g)$ (c'est-à-dire pour lesquels la courbe $(\mathcal{C}_g)$ est confondue à $(\mathcal{C}_f)$ ou au-dessus de $(\mathcal{C}_g)$).
> 3. Réunissez alors les intervalles ainsi identifiés pour obtenir l'ensemble des solutions de l'inéquation $(\mathbf{I}_\ell)$.

Chapitre 8

Session 2016

8.1. Sujet 2016

Ce sujet est formé de deux exercices et d'un problème, tous obligatoires.

Exercice 1 : Équations dans l'ensemble des réels.

1. Résoudre dans $\mathbb{R}$ l'équation $(x-2)(2x^2+5x-3)=0$.
2. Montrer que $2x^3+x^2-13x+6 = (x-2)(2x^2+5x-3)$.
3. Déduire des questions précédentes la résolution de l'équation

$$2(\ln x)^3 + (\ln x)^2 - 13\ln x + 6 = 0.$$

Exercice 2 : Évolution de la production d'une société.

La production de la société Elemva a été relevée pendant dix ans. Les années sont notées x_i et la production exprimée en tonnes est notée y_i. On a obtenu le tableau ci-dessous.

Année (x_i)	1	2	3	4	5	6	7	8	9	10
Production (y_i)	3	4	5,1	6	7,5	8	9,4	10,5	11,5	13

1. Représenter le nuage de points de cette série statistique dans un repère orthonormé.
2. Déterminer le point moyen G du nuage de cette série.
3. Un expert veut faire des prévisions pour la production des années à venir de la société. Il propose l'alignement de MAYER pour cette série.
   (a) Montrer qu'une équation cartésienne de la droite d'ajustement de cette série par la méthode de MAYER est $y = 1{,}072x + 1{,}904$.
   (b) Utiliser cette équation pour estimer la production de la société pendant la douzième année.

Problème : Composée du logarithme népérien et d'un polynôme.

Soit f la fonction définie sur l'intervalle $]0, +\infty[$ par

$$f(x) = \ln x + \ln(x+1).$$

On note $(\mathcal{C})$ sa représentation graphique dans le plan rapporté à un repère orthonormé $\left(O, \vec{i}, \vec{j}\right)$ d'unité graphique 1 cm.

1. (a) Calculer $\lim\limits_{x \to 0} f(x)$.
   (b) Quelle interprétation peut-on en déduire pour la courbe $(\mathcal{C})$?
   (c) Calculer $\lim\limits_{x \to +\infty} f(x)$.
2. On note f' la fonction dérivée de la fonction f. Montrer que

$$f'(x) = \frac{2x+1}{x(x+1)}.$$

3. (a) Étudier, pour tout x de l'intervalle $]0, +\infty[$, le signe de $f'(x)$.
   (b) En déduire le tableau de variation de f sur l'intervalle $]0, +\infty[$.
4. Recopier et compléter le tableau suivant (les valeurs de $f(x)$ seront arrondies à 10^{-1} près) :

x	0,1	0,5	1	2	4
$f(x)$			0,7		

5. Tracer la courbe $(\mathcal{C})$ dans le repère $\left(O, \vec{i}, \vec{j}\right)$.
6. Résoudre dans $]0, +\infty[$ l'équation $f(x) = 0$.
   (On vérifiera de $f(x)$ s'écrit sous la forme $f(x) = \ln[x(x+1)]$ et on donnera la valeur de la solution.)
7. Montrer que la fonction F définie sur $]0, +\infty[$ par

$$F(x) = x\ln x + (x+1)\ln(x+1) - 2x$$

est une primitive de f sur l'intervalle $]0, +\infty[$.

8.2. Corrigé 2016

Solution de l'Exercice 1.

1.

Un nombre réel x est une solution de l'équation

$$(x-2)(2x^2 + 5x - 3) = 0 \qquad (\mathbf{E}_1)$$

si et seulement si $x - 2 = 0$ ou $2x^2 + 5x - 3 = 0$, c'est-à-dire $x = 2$ ou $2x^2 + 5x - 3 = 0$. L'ensemble des solutions de $(\mathbf{E}_1)$ est donc

$$S_1 = \{2\} \cup S_1',$$

où S_1' est l'ensemble des solutions de l'équation du second degré

$$2x^2 + 5x - 3 = 0.$$

Cette dernière a pour discriminant

$$\Delta = 5^2 - 4 \times 2 \times -3 = 25 + 24 = 49 = 7^2.$$

Ses solutions sont de ce fait

$$x_1 = \frac{-5 - \sqrt{7^2}}{2 \times 2} = -\frac{12}{4} = -3 \qquad \text{et} \qquad x_2 = \frac{-5 + \sqrt{7^2}}{2 \times 2} = \frac{2}{4} = \frac{1}{2}.$$

Par conséquent, l'ensemble des solutions de l'équation ($\mathbf{E}_1$) est
$$S_1 = \left\{-3, \frac{1}{2}, 2\right\}.$$

2.

Pour tout réel x, nous avons
$$\begin{aligned}(x-2)(2x^2+5x-3) &= 2x^3+5x^2-3x-4x^2-10x+6 \\ &= 2x^3+x^2-13x+6.\end{aligned}$$

3.

Un nombre réel x est une solution de l'équation
$$2(\ln x)^3 + (\ln x)^2 - 13\ln x + 6 = 0 \qquad (\mathbf{E}_2)$$

si et seulement si $x > 0$ et $\ln x$ est une solution de l'équation ($\mathbf{E}_1$), c'est-à-dire $x > 0$ et
$$\ln x \in S_1 = \left\{-3, \frac{1}{2}, 2\right\}.$$

Ceci équivaut à $\ln x = -3$ ou $\ln x = \frac{1}{2}$ ou $\ln x = 2$, c'est-à-dire $x = e^{-3}$ ou $x = e^{\frac{1}{2}}$ ou $x = e^2$. L'ensemble des solutions de l'équation ($\mathbf{E}_2$) est donc
$$S_2 = \left\{\frac{1}{e^3}, \sqrt{e}, e^2\right\}.$$

Solution de l'Exercice 2.

La production de la société Elemva a été relevée pendant dix ans. Les années sont notées x_i et la production exprimée en tonnes est notée y_i. On a obtenu le tableau ci-dessous.

Année (x_i)	1	2	3	4	5	6	7	8	9	10
Production (y_i)	3	4	5,1	6	7,5	8	9,4	10,5	11,5	13

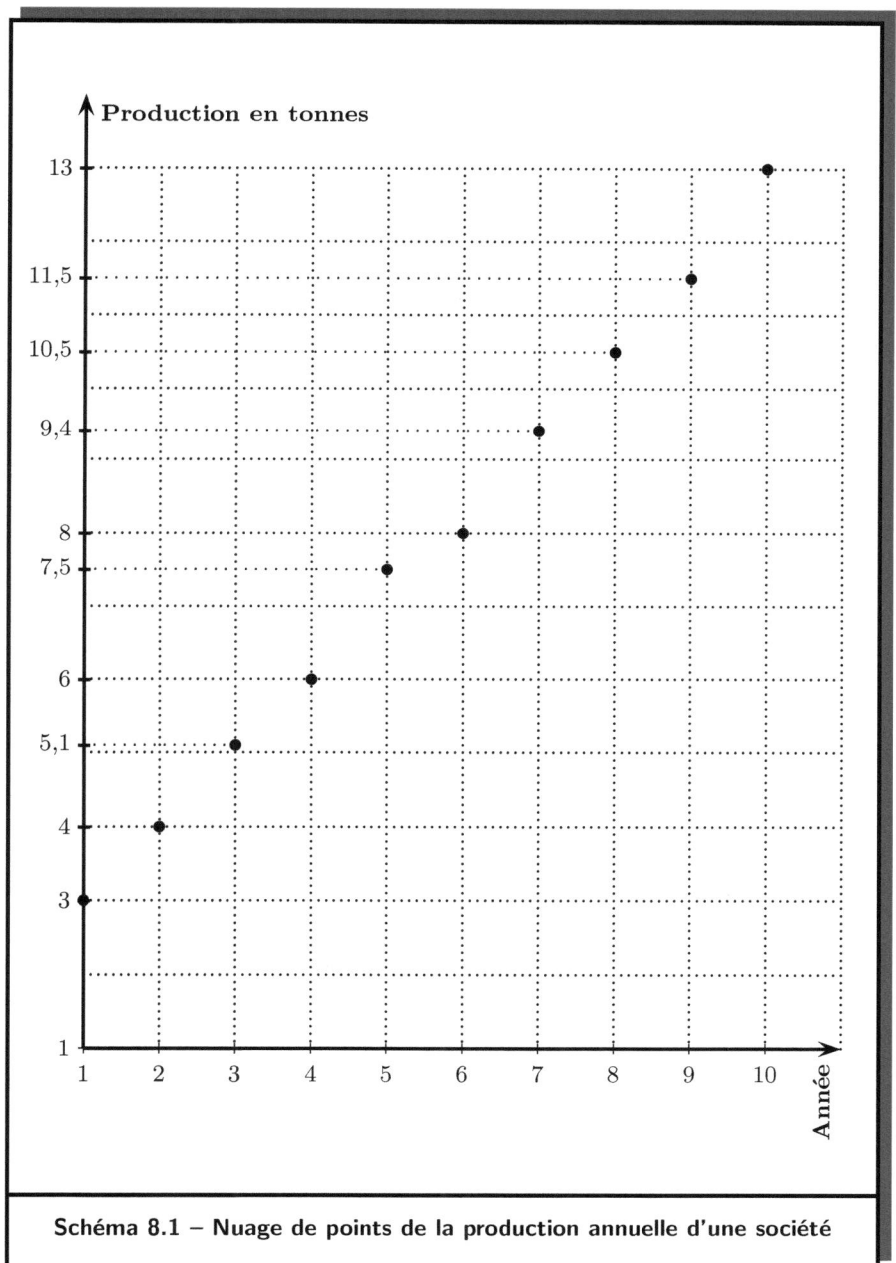

Schéma 8.1 – Nuage de points de la production annuelle d'une société

1.

Le schéma 8.1 à la page 121 dévoile le nuage de points de cette série statistique (x, y), dessiné dans un repère orthogonal dont l'origine est le point de coordonnées $(1, 1)$, avec $1\,\text{cm}$ pour une année en abscisses, et $1\,\text{cm}$ pour une tonne en ordonnées.

2.

Le point moyen G du nuage de cette série a pour abscisse

$$\overline{x} = \frac{1+2+3+4+5+6+7+8+9+10}{10} = \frac{55}{10} = 5{,}5$$

et pour ordonnée

$$\overline{y} = \frac{3+4+5{,}1+6+7{,}5+8+9{,}4+10{,}5+11{,}5+13}{10} = \frac{78}{10} = 7{,}8.$$

Autrement dit, $G(5{,}5\,; 7{,}8)$.

3.

(a) Pour déterminer l'équation cartésienne de la droite d'ajustement selon MAYER, il convient de séparer cette série en deux sous-séries de même effectif.

La première sous-série est donnée par le tableau suivant :

Année	1	2	3	4	5
Production	3	4	5,1	6	7,5

L'abscisse et l'ordonnée du point moyen G_1 de cette sous-série sont respectivement

$$\overline{x_1} = \frac{1+2+3+4+5}{5} = \frac{15}{5} = 3$$

et

$$\overline{y_1} = \frac{3+4+5{,}1+6+7{,}5}{5} = \frac{25{,}6}{5} = 5{,}12.$$

En d'autres termes, $G_1(3\,; 5{,}12)$.

La seconde sous-série est définie par le tableau suivant :

Année	6	7	8	9	10
Production (y_i)	8	9,4	10,5	11,5	13

L'abscisse et l'ordonnée du point moyen G_2 de cette sous-série sont respectivement

$$\overline{x_2} = \frac{6+7+8+9+10}{5} = \frac{40}{5} = 8$$

et

$$\overline{y_2} = \frac{8+9,4+10,5+11,5+13}{5} = \frac{52,4}{5} = 10,48.$$

Autrement dit, $G_2(8; 10,48)$.

Un point $M(x, y)$ appartient à la droite de MAYER (G_1G_2) si et seulement si les vecteurs

$$\overrightarrow{G_1M}(x-3; y-5,12) \qquad \text{et} \qquad \overrightarrow{G_1G_2}(5; 5,36)$$

sont colinéaires. Ceci équivaut à

$$\frac{x-3}{5} = \frac{y-5,12}{5,36},$$

c'est-à-dire

$$5,36x - 16,08 = 5y - 25,6 \qquad \text{et} \qquad 5y = 5,36x + 9,52.$$

L'équation cartésienne de la droite (G_1G_2) de MAYER est donc

$$y = 1,072x + 1,904.$$

(b) Pour $x = 12$, cette équation livre

$$y = 1,072 \times 12 + 1,904 = 14,768.$$

Par conséquent, la production de la société Elemva pendant la douzième année sera de 14,768 tonnes.

Solution du Problème.

Soit f la fonction définie sur l'intervalle $]0, +\infty[$ par
$$f(x) = \ln x + \ln(x+1),$$
puis $(\mathcal{C})$ sa représentation graphique dans le plan rapporté à un repère orthonormé $\left(O, \vec{i}, \vec{j}\right)$ d'unité graphique 1 cm.

1.

(a) Nous savons que $\lim\limits_{x \to 0^+} \ln x = -\infty$. De plus,
$$\lim_{x \to 0^+} \ln(x+1) = \ln(1) = 0.$$
D'où
$$\lim_{x \to 0^+} f(x) = \lim_{x \to 0^+} \ln x + \lim_{x \to 0^+} \ln(x+1) = -\infty.$$

(b) La limite $\lim\limits_{x \to 0^+} f(x) = -\infty$ signifie que la droite d'équation $x = 0$, l'axe des ordonnées, est asymptote verticale à la courbe $(\mathcal{C})$ de f.

(c) Nous savons que $\lim\limits_{x \to +\infty} \ln x = +\infty$. Cependant, $\lim\limits_{x \to +\infty}(x+1) = +\infty$. De ce fait,
$$\lim_{x \to +\infty} \ln(x+1) = \lim_{t \to +\infty} \ln t = +\infty.$$
Par conséquent,
$$\lim_{x \to +\infty} f(x) = \lim_{x \to +\infty} \ln x + \lim_{x \to +\infty} \ln(x+1) = +\infty.$$

2.

Soit $x \in]0, +\infty[$. Alors,
$$f'(x) = \left(\ln x\right)' + \left(\ln(x+1)\right)' = \frac{1}{x} + \frac{(x+1)'}{x+1} = \frac{1}{x} + \frac{1}{x+1}$$
$$= \frac{x+1+x}{x(x+1)}$$
$$= \frac{2x+1}{x(x+1)}.$$

3.

(a) Soit un réel x un réel strictement positif. Alors,
$$x+1 > 0 \quad \text{et} \quad x(x+1) > 0.$$
Il en découle que
$$f'(x) = \frac{2x+1}{x(x+1)} > 0$$
pour tout $x \in \,]0, +\infty[$. La fonction f est donc strictement croissante sur l'intervalle $]0, +\infty[$.

(b) Ceci permet de construire le tableau de variation suivant :

x	0		$+\infty$
$f'(x)$		$+$	
$f(x)$	$-\infty$	$\nearrow$	$+\infty$

4.

Une table des valeurs de la fonction f, avec des images arrondies à 10^{-1} près, est donnée par le tableau suivant :

x	0,1	0,5	1	2	4
$f(x)$	-2,2	-0,3	0,7	1,8	3

5.

Le schéma 8.2 à la page 126 montre le dessin de la courbe représentative $(\mathcal{C})$ de la fonction f, dans un repère orthonormé $\left(O, \vec{i}, \vec{j}\right)$ avec 1 cm pour unité sur les axes.

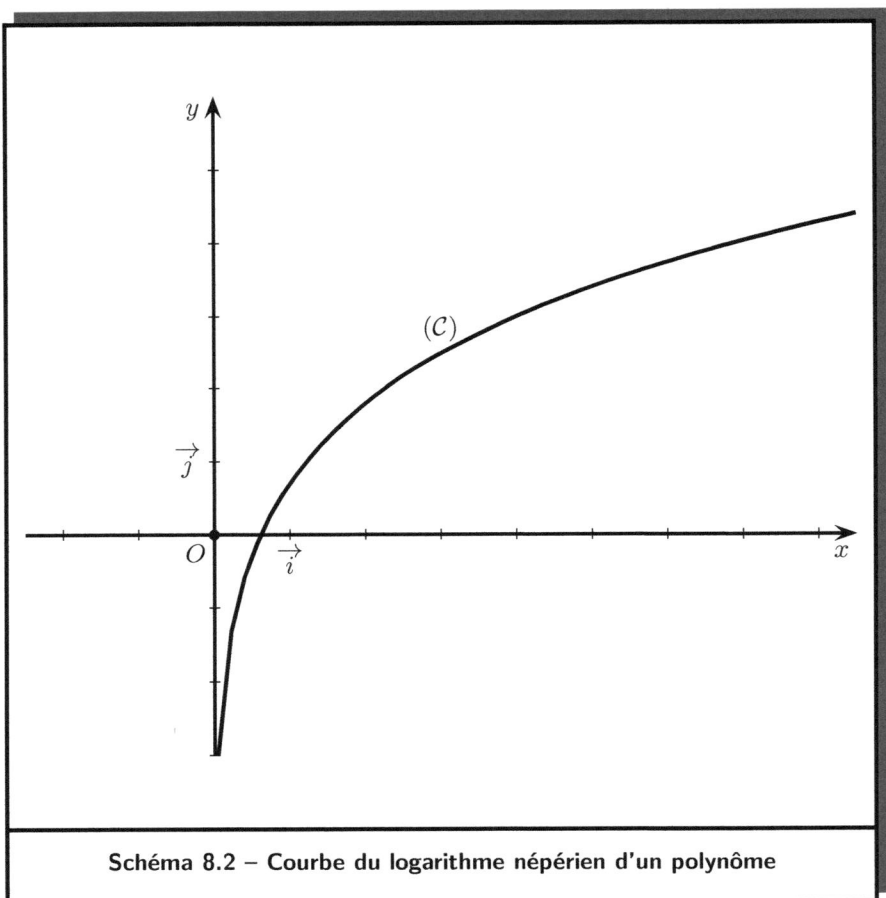

Schéma 8.2 – Courbe du logarithme népérien d'un polynôme

6.

Un réel strictement positif vérifie $f(x) = 0$ si et seulement si
$$\ln x(x+1) = \ln x + \ln(x+1) = \ln 1.$$
Ceci équivaut à $x(x+1) = 1$, c'est-à-dire
$$x^2 + x - 1 = 0.$$
Cette dernière équation du second degré a pour discriminant
$$\Delta = 1^2 - 4 \times 1 \times (-1) = 1 + 4 = 5.$$
Ses solutions sont donc
$$x_1 = \frac{-1-\sqrt{5}}{2} = -\frac{1+\sqrt{5}}{2} \qquad \text{et} \qquad x_2 = \frac{-1+\sqrt{5}}{2}.$$
De toute évidence, $x_1 < 0$ et $x_2 > 0$. Il en résulte que l'ensemble des solutions dans $]0, +\infty[$ de l'équation $f(x) = 0$ est le singleton
$$\left\{ \frac{-1+\sqrt{5}}{2} \right\}.$$

7.

Soit F la fonction définie sur $]0, +\infty[$ par
$$F(x) = x \ln x + (x+1)\ln(x+1) - 2x.$$
Alors,
$$F'(x) = \Big(x \ln x\Big)' + \Big((x+1)\ln(x+1)\Big)' - (2x)'$$
$$= \ln x + x(\ln x)' + \ln(x+1) + (x+1)\Big(\ln(x+1)\Big)' - 2$$
$$= \ln x + x \cdot \frac{1}{x} + \ln(x+1) + (x+1) \cdot \frac{1}{x+1} - 2$$
$$= \ln x + 1 + \ln(x+1) + 1 - 2$$
$$= \ln x + \ln(x+1)$$
$$= f(x).$$

Sur l'intervalle $]0, +\infty[$, la dérivée de F est donc égale à f. Ceci signifie que F est une primitive de f sur l'intervalle $]0, +\infty[$.

8.3. Notes et commentaires sur le sujet 2016

Somme de deux valeurs du logarithme népérien

Pour chaque couple (a, b) de nombres réels strictement positifs, l'égalité suivante est valide :
$$\ln(a) + \ln(b) = \ln(ab).$$
Ce fait notoire a été mis à contribution dans la solution de la sixième question du Problème, pour résoudre l'équation $f(x) = 0$. Clairement, la fonction f étant définie sur l'intervalle $]0, +\infty[$ par
$$f(x) = \ln(x) + \ln(x+1),$$
elle est la somme de deux valeurs du logarithme népérien. De ce fait,
$$f(x) = \ln[x(x+1)]$$
pour chaque $x \in \,]0, +\infty[$.

Considérons à présent la fonction g, définie par
$$g(x) = \ln[x(x+1)].$$
Son ensemble est $D_g = \,]-\infty, -1[\,\cup\,]0, +\infty[$, car $x(x+1) > 0$ si et et seulement si $x < -1$ ou $x > 0$. L'ensemble de définition de g est donc plus large que celui de f. Ceci signifie que les fonctions f et g, certes confondues sur l'intervalle $]0, +\infty[$, sont globalement différentes. En fait, la fonction f est la *restriction* de g à l'intervalle $]0, +\infty[$.

Chapitre 9

Session 2017

9.1. Sujet 2017

Ce sujet se compose de deux exercices et d'un problème, tous obligatoires.

Exercice 1 : Inéquations – Calcul de probabilités.

1. Résoudre dans $\mathbb{R}$ l'inéquation $x^2 - x - 6 \leq 0$.
2. En déduire la résolution dans $\mathbb{R}$ de chacune des inéquations ci-dessous :
   (a) $e^{2x} - e^x - 6 \leq 0$.
   (b) $\ln x + \ln(x-2) \leq \ln(6-x)$.
3. Choisir la bonne réponse parmi les quatre qui vous sont proposées. Un poulailler compte 24 poulets parmi lesquels 25% sont atteints de la grippe aviaire. On prélève au hasard trois poulets de ce poulailler. La probabilité d'avoir au moins un poulet atteint de la grippe aviaire est égale à :

   (a) $0{,}25$;   (b) $\dfrac{C_6^3}{C_{24}^3}$;   (c) $\dfrac{C_{18}^3}{C_{24}^3}$;   (d) $1 - \dfrac{C_{18}^3}{C_{24}^3}$.

Exercice 2 : Évolution du bénéfice d'une entreprise.

On a noté le montant en millions de francs CFA du bénéfice d'une entreprise pendant six années consécutives. Les résultats sont consignés dans le tableau ci-dessous :

Numéro de l'année (x_i)	1	2	3	4	5	6
Bénéfice (y_i)	50	75	120	170	200	240

1. Représenter graphiquement le nuage de points associé à cette série. (Unités : 1 cm en abscisses pour une année et 1 cm en ordonnées pour 50 millions.)
2. Déterminer le point moyen de cette série.
3. Déterminer une équation de la droite de MAYER de la série statistique double (x_i, y_i).
4. En supposant que l'évolution du bénéfice n'est pas modifiée avec le temps, estimer ce bénéfice à la huitième année.

Problème : Système d'équations – Étude de fonctions.

Ce problème comporte deux parties indépendantes A et B.

Partie A.

1. Résoudre dans $\mathbb{R}^3$ le système
$$\begin{cases} 2x + y + z = -1, \\ y - z = 3, \\ x - z = 0. \end{cases}$$

2. Soit $(\mathcal{C}_f)$ la courbe représentative du schéma 9.1 ci-dessous d'une fonction f telle que
$$f(x) = ax + b + \frac{c}{x-1},$$
où a, b et c sont des réels.

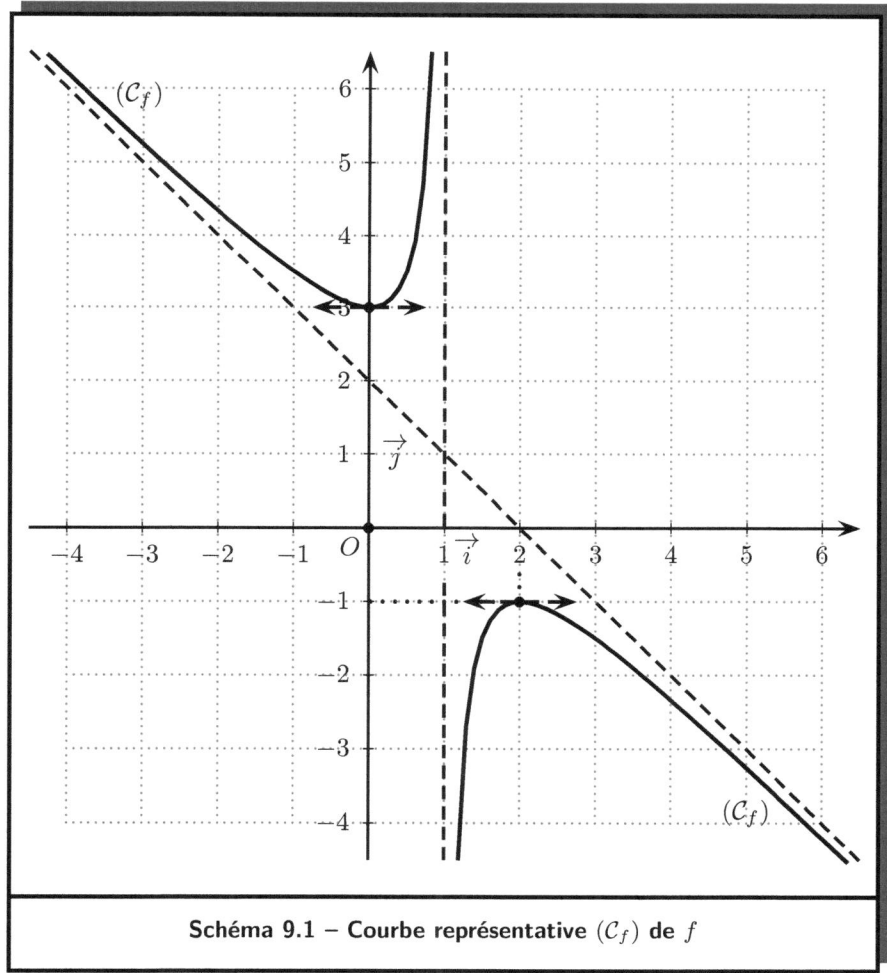

Schéma 9.1 – Courbe représentative $(\mathcal{C}_f)$ de f

(a) Déterminer en utilisant des intervalles l'ensemble de définition D_f de f.

(b) Déterminer à l'aide du graphique les réels $f(0)$, $f(2)$ et $f'(0)$, où f' est la dérivée de f.

(c) Calculer $f'(x)$ en fonction de a, c et x.

(d) Exprimer $f(0)$, $f(2)$ et $f'(0)$ en fonction des réels a, b et c.

(e) Déduire de la question (1) les réels a, b et c.

Partie B.

Soit la fonction g définie sur $\mathbb{R} \setminus \{1\}$ par

$$g(x) = \frac{-x^2 + 3x - 3}{x - 1},$$

et $(\mathcal{C}_g)$ sa courbe représentative dans un repère orthonormé $\left(O, \vec{i}, \vec{j}\right)$.

1. Calculer les limites de g aux bornes de son ensemble de définition.
2. Étudier les variations de g et dresser son tableau de variation.
3. Déterminer les réels a, b et c tels que

$$g(x) = ax + b + \frac{c}{x - 1}$$

pour tout réel x distinct de 1.

4. Montrer que la droite (Δ) d'équation $y = -x + 2$ est asymptote oblique à $(\mathcal{C}_g)$.

5. Soit la fonction G définie sur $]-\infty, 1[$ par

$$G(x) = -\frac{1}{2}x^2 + 2x - \ln(1 - x) + 6.$$

(a) Calculer $G'(x)$.

(b) En déduire les primitives de la fonction g sur $]-\infty, 1[$.

9.2. Corrigé 2017

Solution de l'Exercice 1.

1.

Le polynôme du second degré $x^2 - x - 6$ a pour discriminant
$$\Delta = (-1)^2 - 4 \times 1 \times (-6) = 1 + 24 = 25 = 5^2.$$

Ses racines sont de ce fait
$$x_1 = \frac{1 - \sqrt{5^2}}{2} = \frac{1-5}{2} = -2 \quad \text{et} \quad x_2 = \frac{1 + \sqrt{5^2}}{2} = \frac{1+5}{2} = 3.$$

Ce polynôme est du signe de 1 à l'extérieur de ses racines et du signe contraire de 1 à l'intérieur. Son tableau de signe est tracé ci-dessous :

x	$-\infty$		-2		3		$+\infty$
$x^2 - x - 6$		$+$	0	$-$	0	$+$	

Il en résulte que $x^2 - x - 6 \leq 0$ si et seulement si $-2 \leq x \leq 3$. En d'autres termes, l'inéquation
$$x^2 - x - 6 \leq 0 \tag{I}$$
a pour ensemble solution $S = [-2, 3]$.

2.

(a) Nous avons $e^{2x} - e^x - 6 = (e^x)^2 - e^x - 6$ pour tout $x \in \mathbb{R}$. Ainsi, un réel x est solution de l'inéquation
$$e^{2x} - e^x - 6 \leq 0 \tag{I_a}$$
si et seulement si e^x est solution de l'inéquation (**I**), c'est-à-dire $e^x \in [-2, 3]$. La fonction exponentielle étant strictement positive, ceci équivaut à $e^x \leq 3$, c'est-à-dire $x \leq e^{\ln 3}$, car l'exponentielle est une fonction strictement croissante. L'ensemble des solutions de l'inéquation (I_a) est par conséquent
$$S_a =]-\infty, \ln 3].$$

(b) Pour que l'inéquation
$$\ln x + \ln(x-2) \leq \ln(6-x) \qquad (\mathbf{I}_b)$$
fasse sens, les conditions suivantes doivent être satisfaites :
$$\begin{cases} x > 0, \\ x - 2 > 0, \\ 6 - x > 0. \end{cases}$$
Celles-ci sont équivalentes à $x > 2$ et $x < 6$, c'est-à-dire à $x \in]2, 6[$. Un tel réel x appartient à l'ensemble S_b des solutions de $(\mathbf{I}_b)$ si et seulement si
$$\ln x(x-2) \leq \ln(6-x).$$
Ceci équivaut à $x^2 - 2x \leq 6 - x$, c'est-à-dire $x^2 - x - 6 \leq 0$. Ainsi, un réel x appartient à S_b si et seulement si $x \in]2, 6[\cap S$, où S est la solution de l'inéquation $(\mathbf{I})$. Tout compte fait, l'ensemble des solutions de $(\mathbf{I}_b)$ est
$$S_b =]2, 6[\cap [-2, 3] =]2, 3].$$

3.

Un poulailler compte 24 poulets parmi lesquels 25% sont atteints de la grippe aviaire. Ainsi, le nombre de poulets ayant la grippe aviaire est
$$24 \times \frac{25}{100} = \frac{24}{4} = 6.$$
Le poulailler contient donc $24 - 6 = 18$ poulets sains.

On prélève au hasard trois poulets de ce poulailler. L'évènement A – « avoir au moins un poulet atteint de la grippe aviaire », a pour évènement contraire $\overline{A}$ – « avoir trois poulets sains ». Cependant,
$$\mathbb{P}\left(\overline{A}\right) = \frac{\mathbf{C}_{18}^3}{\mathbf{C}_{24}^3}.$$
Par conséquent, la probabilité d'avoir au moins un poulet atteint de la grippe aviaire est égale à
$$1 - \frac{\mathbf{C}_{18}^3}{\mathbf{C}_{24}^3}.$$
En d'autres termes, la bonne réponse à cette question **(3)** est **(d)**.

Solution de l'Exercice 2.

Les montants respectifs en millions de francs CFA du bénéfice d'une entreprise pendant six années consécutives sont consignés dans le tableau ci-dessous :

Numéro de l'année (x_i)	1	2	3	4	5	6
Bénéfice (y_i)	50	75	120	170	200	240

1.

Le nuage de points associé à cette série statistique (x_i, y_i) est représenté graphiquement sur le schéma 9.2 à la page 136, avec 1 cm en abscisses pour une année et 1 cm en ordonnées pour 50 millions.

2.

L'abscisse et l'ordonnée du point moyen G de cette série statistique (x_i, y_i) sont respectivement

$$\overline{x} = \frac{1+2+3+4+5+6}{6} = \frac{21}{6} = 3{,}5$$

et

$$\overline{y} = \frac{50+75+120+170+200+240}{6} = \frac{855}{6} = 142{,}5.$$

En d'autres termes, $G(3{,}5\,;142{,}5)$.

3.

Pour déterminer une équation cartésienne de la droite de MAYER de la série statistique (x_i, y_i), il sied de diviser cette dernière en deux sous-série de même effectif.

La première sous-série est définie par le tableau suivant :

Numéro de l'année (x_i)	1	2	3
Bénéfice (y_i)	50	75	120

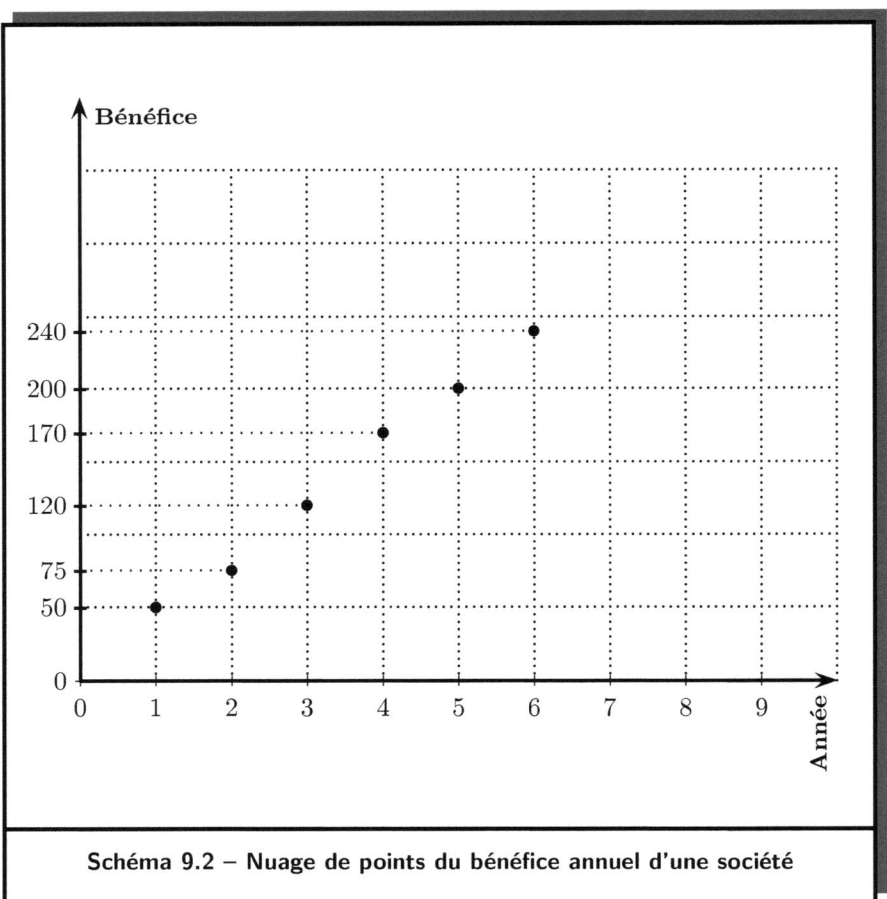

Schéma 9.2 – Nuage de points du bénéfice annuel d'une société

L'abscisse et l'ordonnée du point moyen G_1 de cette sous-série sont respectivement

$$\overline{x_1} = \frac{1+2+3}{3} = \frac{6}{3} = 2 \qquad \text{et} \qquad \overline{y_1} = \frac{50+75+120}{3} = \frac{245}{3}.$$

Autrement dit, $G_1\left(2, \frac{245}{3}\right)$.

La seconde sous-série est donnée par le tableau suivant :

Numéro de l'année (x_i)	4	5	6
Bénéfice (y_i)	170	200	240

L'abscisse et l'ordonnée du point moyen G_2 de cette sous-série sont respectivement

$$\overline{x_2} = \frac{4+5+6}{3} = \frac{15}{3} = 5 \qquad \text{et} \qquad \overline{y_2} = \frac{170+200+240}{3} = \frac{610}{3}.$$

En d'autres termes, $G_2\left(5, \frac{610}{3}\right)$.

Par définition, (G_1G_2) est la droite de MAYER de la série statistique double (x_i, y_i). Elle passe par un point $M(x, y)$ si et seulement si les vecteurs

$$\overrightarrow{G_1M}\left(x-2, y-\frac{245}{3}\right) \qquad \text{et} \qquad \overrightarrow{G_1G_2}\left(3, \frac{365}{3}\right)$$

sont colinéaires. Ceci équivaut à

$$\frac{x-2}{3} = \frac{y - \frac{245}{3}}{\frac{365}{3}},$$

c'est-à-dire

$$\frac{365}{3}x - \frac{730}{3} = 3y - 245 \qquad \text{et} \qquad 3y = \frac{365}{3}x + \frac{5}{3}.$$

La droite de MAYER (G_1G_2) a donc pour équation cartésienne réduite

$$y = \frac{365}{9}x + \frac{5}{9}.$$

4.

Pour $x = 8$, l'équation réduite de la droite de MAYER livre
$$y = \frac{365}{9} \times 8 + \frac{5}{9} = \frac{2\,920 + 5}{9} = \frac{2\,925}{9} = 325.$$

De ce fait, pour la huitième année, le bénéfice de la société est estimé à 325 millions de francs CFA.

Solution du Problème.

Partie A.

1.

Les deuxième et troisième équations du système
$$\begin{cases} 2x + y + z = -1, \\ y - z = 3, \\ x - z = 0, \end{cases} \quad \textbf{(S)}$$

sont équivalentes respectivement à $y = z + 3$ et à $x = z$. En substituant ces valeurs de x et de y dans la première équation de **(S)**, nous obtenons l'équation $2z + z + 3 + z = -1$, c'est-à-dire $4z = -4$ et $z = -1$. Ceci entraîne
$$y = -1 + 3 = 2 \qquad \text{et} \qquad x = -1.$$

L'ensemble des solutions du système d'équations **(S)** dans $\mathbb{R}^3$ est donc le singleton
$$\big\{(-1, 2, -1)\big\}.$$

2.

Le schéma 9.1 à la page 131 dévoile la courbe représentative $(\mathcal{C}_f)$ d'une fonction f telle que
$$f(x) = ax + b + \frac{c}{x - 1},$$

où a, b et c sont des réels.

(a) D'après la courbe représentative $(\mathcal{C}_f)$, l'ensemble de définition de f est
$$D_f =]-\infty, 1[\cup]1, +\infty[.$$

(b) À la lecture du schéma 9.1, il est clair que
$$f(0) = 3 \quad \text{et} \quad f(2) = -1.$$

Cependant, la courbe représentative $(\mathcal{C}_f)$ admet une tangente horizontale au point d'abscisse 0. Ceci signifie que $f'(0) = 0$.

(c) Pour tout $x \in D_f =]-\infty, 1[\cup]1, +\infty[$, nous avons
$$f'(x) = (ax+b)' + \left(\frac{c}{x-1}\right)' = a + c \times -\frac{(x-1)'}{(x-1)^2} = a - \frac{c}{(x-1)^2}.$$

(d) L'expression de la fonction f, donnée ci-dessus, entraîne
$$f(0) = a \times 0 + b + \frac{c}{0-1} = b - c$$
et
$$f(2) = a \times 2 + b + \frac{c}{2-1} = 2a + b + c.$$

Dans le même esprit, la question **(c)** livre
$$f'(0) = a - \frac{c}{(0-1)^2} = a - c.$$

(d) Compte tenu de la question **(b)**, il en résulte que
$$\begin{cases} 2a + b + c = -1, \\ b - c = 3, \\ a - c = 0. \end{cases}$$

Autrement dit, le triplet (a, b, c) est une solution du système **(S)**. D'où
$$(a, b, c) = (-1, 2, -1),$$
c'est-à-dire $a = -1$ et $b = 2$, puis $c = -1$.

Partie B.

Soit la fonction g définie sur $\mathbb{R} \setminus \{1\}$ par

$$g(x) = \frac{-x^2 + 3x - 3}{x - 1},$$

et $(\mathcal{C}_g)$ sa courbe représentative dans un repère orthonormé $\left(O, \vec{i}, \vec{j}\right)$.

1.

Les limites de g en l'infini sont

$$\lim_{x \to -\infty} g(x) = \lim_{x \to -\infty} \frac{-x^2}{x} = \lim_{x \to -\infty} -x = +\infty$$

et

$$\lim_{x \to +\infty} g(x) = \lim_{x \to +\infty} \frac{-x^2}{x} = \lim_{x \to +\infty} -x = -\infty.$$

Par ailleurs,

$$\lim_{x \to 1} \left(-x^2 + 3x - 3\right) = -1 + 3 - 3 = -1,$$

tandis que $\lim_{x \to 1^-} (x-1) = 0^-$ et $\lim_{x \to 1^+} (x-1) = 0^+$, eu égard au tableau de signe suivant :

x	$-\infty$		1		$+\infty$
$x-1$		$-$	0	$+$	

Par conséquent,

$$\lim_{x \to 1^-} g(x) = \frac{-1}{0^-} = +\infty \qquad \text{et} \qquad \lim_{x \to 1^+} g(x) = \frac{-1}{0^+} = -\infty.$$

2.

Pour tout $x \in \mathbb{R} \setminus \{1\}$, nous avons

$$g'(x) = \frac{(-x^2 + 3x - 3)'(x-1) - (-x^2 + 3x - 3)(x-1)'}{(x-1)^2},$$

puis
$$g'(x) = \frac{(-2x+3)(x-1) - (-x^2+3x-3)}{(x-1)^2}$$
$$= \frac{-2x^2+5x-3+x^2-3x+3}{(x-1)^2} = \frac{-x^2+2x}{(x-1)^2}.$$

Puisque $(x-1)^2 > 0$, la dérivée g' a le signe et les racines du polynôme $-x^2+2x = -x(x-2)$, donnés par le tableau ci-dessous :

x	$-\infty$		0		2		$+\infty$
$-x^2+2x$		$-$	0	$+$	0	$-$	

Ainsi,
$$\begin{cases} g'(x) < 0 & \text{si } x \in]-\infty, 0[\cup]2, +\infty[, \\ g'(x) = 0 & \text{si } x \in \{0, 1\}, \\ g'(x) > 0 & \text{si } x \in]0, 1[\cup]1, 2[. \end{cases}$$

La fonction g est donc strictement décroissante sur les intervalles $]-\infty, 0]$ et $[2, +\infty[$, puis strictement croissante sur $[0, 1[$ et $]1, 2]$. Au demeurant, sa courbe représentative $(\mathcal{C}_g)$ admet des tangentes horizontales aux points d'abscisses 0 et 2, d'ordonnées respectives

$$g(0) = \frac{-3}{-1} = 3 \quad \text{et} \quad g(2) = \frac{-4+6-3}{1} = -1.$$

Ces faits permettent de dresser le tableau de variation ci-dessous :

x	$-\infty$		0		1		2		$+\infty$
$g'(x)$		$-$	0	$+$		$+$	0	$-$	
$g(x)$	$+\infty \searrow$			$\nearrow +\infty$		$-\infty \nearrow$	-1	$\searrow -\infty$	
			3						

3.

La division euclidienne du polynôme $-x^2 + 3x - 3$ par $x - 1$ donne
$$-x^2 + 3x - 3 = (x-1)(-x+2) - 1,$$
conformément au diagramme ci-dessous :

$$\begin{array}{r|l}
-x^2 + 3x - 3 & \,x - 1 \\
+\,x^2 \;-\; x & \overline{\,-x+2} \\ \hline
+\,2x - 3 & \\
-\,2x + 3 & \\ \hline
-1 &
\end{array}$$

Par conséquent,
$$g(x) = \frac{(x-1)(-x+2) - 1}{x - 1} = -x + 2 + \frac{-1}{x - 1}.$$

pour tout $x \in D_f$. En d'autres termes,
$$g(x) = ax + b + \frac{c}{x - 1},$$
où $a = -1$, puis $b = 2$ et $c = -1$.

4.

Pour chaque $x \in \mathbb{R} \setminus \{1\}$, nous avons donc
$$g(x) - (-x + 2) = -\frac{1}{x - 1}.$$

De ce fait,
$$\lim_{x \to -\infty} \big(g(x) - (-x + 2)\big) = \lim_{x \to -\infty} -\frac{1}{x - 1} = 0$$

et
$$\lim_{x \to +\infty} \big(g(x) - (-x + 2)\big) = \lim_{x \to +\infty} -\frac{1}{x - 1} = 0.$$

Ceci signifie que la droite (Δ) d'équation $y = -x + 2$ est asymptote oblique à $(\mathcal{C}_g)$ quand x tend vers l'infini.

5.

Soit la fonction G définie sur $]-\infty, 1[$ par

$$G(x) = -\frac{1}{2}x^2 + 2x - \ln(1-x) + 6.$$

(a) Alors, pour tout $x \in]-\infty, 1[$, nous avons

$$\begin{aligned}
G'(x) &= \left(-\frac{1}{2}x^2 + 2x + 6\right)' - \left(\ln(1-x)\right)' \\
&= -x + 2 - \frac{(1-x)'}{1-x} \\
&= -x + 2 - \frac{-1}{1-x} \\
&= -x + 2 - \frac{1}{x-1} \\
&= g(x)
\end{aligned}$$

(b) De ce qui précède, la fonction G est une primitive de g. Il en résulte que toute primitive de g est de la forme

$$x \mapsto G(x) + k = -\frac{1}{2}x^2 + 2x - \ln(1-x) + 6 + k,$$

où k est une constante réelle.

9.3. Notes et commentaires sur le sujet 2017

Étude inversée d'une fonction

Chacun des sujets exposés et traités dans cet ouvrage contient un exercice ou un problème dédié à l'étude d'une fonction numérique à une variable réelle. Jusqu'ici, dans les sujets de 2009 à 2016, cette étude avait l'*expression analytique* de la fonction pour point d'ancrage, et la *représentation graphique* de ladite fonction pour destination ultime. Les principales escales de ce périple étaient alors : le calcul des limites, l'identification des asymptotes, la détermination de la dérivée et la construction du tableau de variation.

Le Problème du sujet 2017, que nous commentons actuellement, propose en revanche une démarche à rebours. En effet, il met à disposition un dessin soigné et précis de la courbe représentative d'une fonction f, puis invite les candidats à déduire : son ensemble de définition D_f, ses valeurs $f(0)$ et $f(2)$, la valeur $f'(0)$ de sa dérivée et, in fine, l'expression analytique de f.

D'autres informations et jugements peuvent être inférés par simple lecture graphique ; notamment, les limites aux bornes de l'ensemble de définition, les asymptotes, les variations, les racines et signe de la dérivée, le tableau de variation.

Chapitre 10

Session 2018

10.1. Sujet 2018

Le sujet est constitué de deux exercices et d'un problème, tous obligatoires.

Exercice 1 : Inéquation et équations sur l'ensemble des réels.

On considère dans $\mathbb{R}$ l'inéquation suivante :
$$\ln(2x+5) \geq -\ln x + \ln 7. \qquad (\mathbf{I})$$

1. (a) Justifier clairement que (**I**) est équivalente à
$$2x^2 + 5x - 7 \geq 0 \qquad \text{et} \qquad x > 0.$$

   (b) En déduire la résolution de l'inéquation (**I**).

2. (a) Vérifier que $-2x^3 - x^2 + 17x - 14 = (2-x)(2x^2 + 5x - 7)$.

   (b) Résoudre dans $\mathbb{R}$ l'équation suivante :
$$2x^3 + x^2 - 17x + 14 = 0.$$

   (c) En déduire la résolution dans $\mathbb{R}$ de l'équation ci-dessous :
$$2e^{2x} + e^x + 14e^{-x} - 17 = 0.$$

Exercice 2 : Tirage de boules d'une urne et calcul de probabilités.

Dans une urne, il y a neuf boules distinctes et indiscernables au toucher : cinq portent le nombre 100, trois le nombre 50 et une le nombre 0. On tire au hasard et simultanément trois boules de cette urne et on fait la somme des nombres inscrits sur les trois boules.
1. Justifier que les différentes sommes qu'on peut obtenir sont 100, 150, 200, 250 et 300.
2. Calculer la probabilité de chacun des évènements ci-dessous.
   A : « La somme des trois nombres est égale à 300 ».
   B : « La somme des trois nombres est plus petite que 300 ».
   C : « La somme des trois nombres est égale à 150 ».

Problème : Étude et primitives d'une fonction rationnelle.

Le graphe $(\mathcal{C}_f)$ du schéma 10.1 ci-dessous est la représentation graphique d'une fonction f dans un repère orthonormé $\left(O,\ \vec{i},\ \vec{j}\right)$. De plus, f' est la dérivée de la fonction f. À l'aide de ce graphe :
1. Donner l'ensemble de définition de D_f et f.
2. Déterminer $f(0)$, $f(2)$, $f'(0)$ et $f'(2)$.
3. Résoudre graphiquement les inéquations suivantes :
   (a) $f'(x) < 0$;
   (b) $f'(x) > 0$.
4. Dresser le tableau de variation de f.
5. On suppose que $f(x) = ax + b + \frac{c}{x-1}$.
   (a) En vous servant de la question (**2**), justifier que l'on a le système suivant :
   $$\begin{cases} a - c = 0, \\ b - c = 3, \\ 2a + b + c = 7. \end{cases} \quad (\mathbf{E})$$
   (b) Résoudre dans $\mathbb{R}$ le système $(\mathbf{E})$.
   (c) Avec les valeurs de a et b trouvées à la question (**5.b**), vérifier que la droite $(\mathcal{D})$ d'équation $y = ax + b$ passe par $A(-4, 0)$ et $B(1, 5)$.

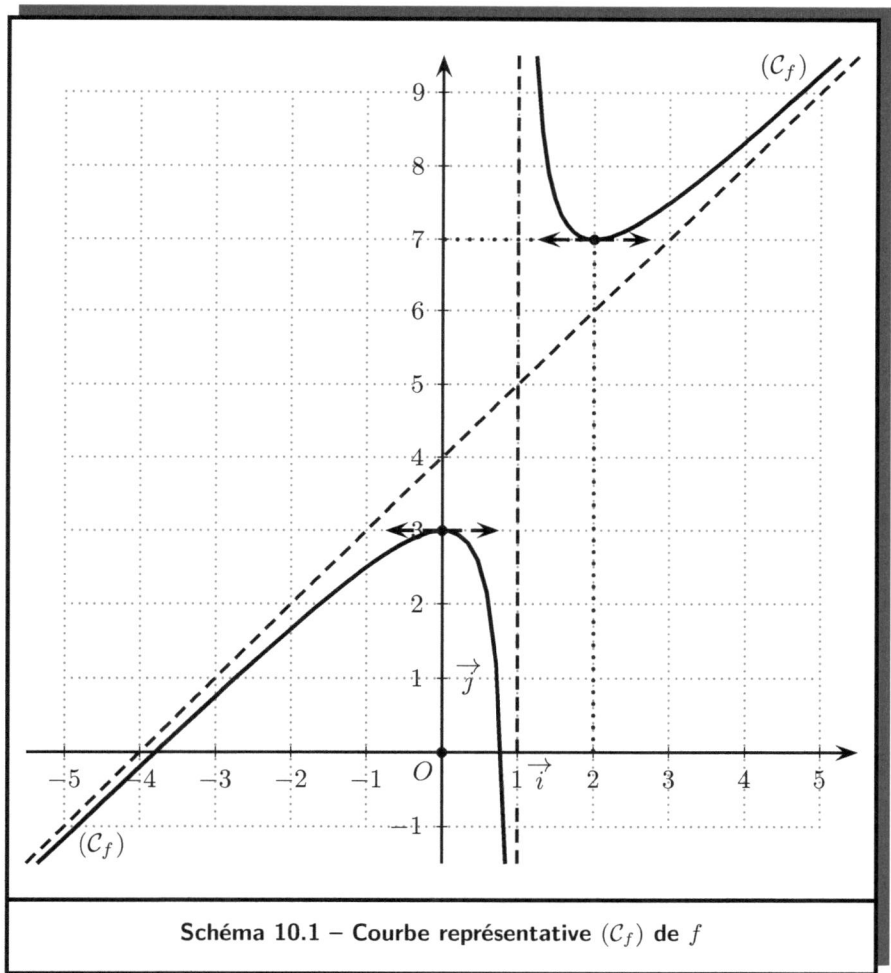

Schéma 10.1 – Courbe représentative $(\mathcal{C}_f)$ de f

On suppose dans la suite que
$$f(x) = x + 4 + \frac{1}{x-1}.$$

6. Écrire une équation cartésienne de la tangente à $(\mathcal{C}_f)$ au point d'abscisse $x_0 = 2$.

7. (a) Montrer que la fonction F définie sur $]1, +\infty[$ par
$$F(x) = \frac{1}{2}x^2 + 4x + \ln(x-1) + k,$$
où $k \in \mathbb{R}$, est une primitive de f.

(b) En déduire la primitive de f sur $]1, +\infty[$ qui prend la valeur 3 en $x_0 = 2$.

(c) Reproduire la courbe $(\mathcal{C}_f)$ et représenter dans le même repère la courbe $(\mathcal{C}_h)$ de la fonction h définie par $h(x) = |f(x)|$.

10.2. Corrigé 2018

Solution de l'Exercice 1.

Soit dans $\mathbb{R}$ l'inéquation suivante :
$$\ln(2x+5) \geq -\ln x + \ln 7. \tag{I}$$

1.

(a) L'inéquation (**I**) a du sens dans $\mathbb{R}$ lorsque $2x + 5 > 0$ et $x > 0$, c'est-à-dire $x > -\frac{5}{2}$ et $x > 0$. Ceci équivaut à $x > 0$. Le cas échéant,
$$-\ln x + \ln 7 = \ln 7 - \ln x = \ln\left(\frac{7}{x}\right),$$
et l'inégalité $\ln(2x+5) \geq -\ln x + \ln 7$ est équivalente à $\ln(2x+5) \geq \ln\left(\frac{7}{x}\right)$, puis à
$$2x + 5 \geq \frac{7}{x},$$

car le logarithme népérien est une fonction strictement croissance. Au demeurant, les équivalences suivantes sont valides :

$$2x + 5 \geq \frac{7}{x} \Leftrightarrow 2x^2 + 5x \geq 7 \Leftrightarrow 2x^2 + 5x - 7 \geq 0.$$

Par conséquent, l'inéquation (**I**) équivaut à $x > 0$ et $2x^2 + 5x - 7 \geq 0$.

(b) Le polynôme du second degré $2x^2 + 5x - 7$ a pour discriminant

$$\Delta = 5^2 - 4 \times 2 \times (-7) = 25 + 56 = 81 = 9^2.$$

Ses racines sont donc

$$x_1 = \frac{-5 - \sqrt{9^2}}{2 \times 2} = \frac{-5 - 9}{4} = -\frac{14}{2} = -\frac{7}{2}$$

et

$$x_2 = \frac{-5 + \sqrt{9^2}}{2 \times 2} = \frac{4}{4} = 1,$$

tandis que son tableau de signe est le suivant :

x	$-\infty$		$-\frac{7}{2}$		1		$+\infty$
$2x^2 + 5x - 7$		$+$	0	$-$	0	$+$	

Il en résulte que $2x^2 + 5x - 7 \geq 0$ si et seulement si $x \in \left]-\infty, -\frac{7}{2}\right] \cup [1, +\infty[$. L'inéquation (**I**) est donc équivalente à

$$x \in \left]-\infty, -\tfrac{7}{2}\right] \cup [1, +\infty[\qquad x \in]0, +\infty[.$$

De ce fait, l'ensemble de ses solutions est $S = [1, +\infty[$.

2.

(a) Pour tout réel x, nous avons

$$(2-x)(2x^2 + 5x - 7) = 4x^2 + 10x - 14 - 2x^3 - 5x^2 + 7x$$
$$= -2x^3 - x^2 + 17x - 14.$$

(b) Au compte de la factorisation
$$-2x^3 - x^2 + 17x - 14 = (2-x)(2x^2 + 5x - 7),$$
démontrée ci-dessus, un réel x est solution de l'équation
$$-2x^3 - x^2 + 17x - 14 = 0 \qquad (\mathbf{E}_1)$$
si et et seulement si
$$2 - x = 0 \qquad \text{ou} \qquad 2x^2 + 5x - 7 = 0,$$
c'est-à-dire $x = 2$ ou $x = -\frac{7}{2}$ ou $x = 1$. L'ensemble des solutions de l'équation $(\mathbf{E}_1)$ est donc
$$S_1 = \left\{-\tfrac{7}{2}, 1, 2\right\}.$$

(c) Pour tout réel x, nous avons
$$\begin{aligned}
2e^{2x} + e^x + 14e^{-x} - 17 &= \frac{2e^{3x}}{e^x} + \frac{e^{2x}}{e^x} + \frac{14}{e^x} - \frac{17e^x}{e^x} \\
&= \frac{2e^{3x} + e^{2x} + 14 - 17e^x}{e^x} \\
&= -\frac{-2(e^x)^3 - (e^x)^2 + 17e^x - 14}{e^x}.
\end{aligned}$$

La fonction exponentielle étant strictement positive, il en résulte qu'un réel x est solution de l'équation
$$2e^{2x} + e^x + 14e^{-x} - 17 = 0 \qquad (\mathbf{E}_2)$$
si et seulement si
$$-2(e^x)^3 - (e^x)^2 + 17e^x - 14 = 0,$$
c'est-à-dire e^x est une solution positive de l'équation $(\mathbf{E}_1)$. Ceci équivaut à $e^x = 1$ ou $e^x = 2$, c'est-à-dire $x = \ln 1 = 0$ ou $x = \ln 2$. L'ensemble des solutions de l'équation $(\mathbf{E}_2)$ est par conséquent
$$S_2 = \left\{0, \ln 2\right\}.$$

Solution de l'Exercice 2.

Dans une urne, il y a neuf boules distinctes et indiscernables au toucher : cinq portent le nombre 100, trois le nombre 50 et une le nombre 0. On tire au hasard et simultanément trois boules de cette urne et on fait la somme des nombres inscrits sur les trois boules.

1.

Le schéma 10.2 à la page 151 présente l'arbre des possibilités et des sommes de cette expérience aléatoire. Il montre que les différentes sommes qu'on peut obtenir sont 100, 150, 200, 250 et 300.

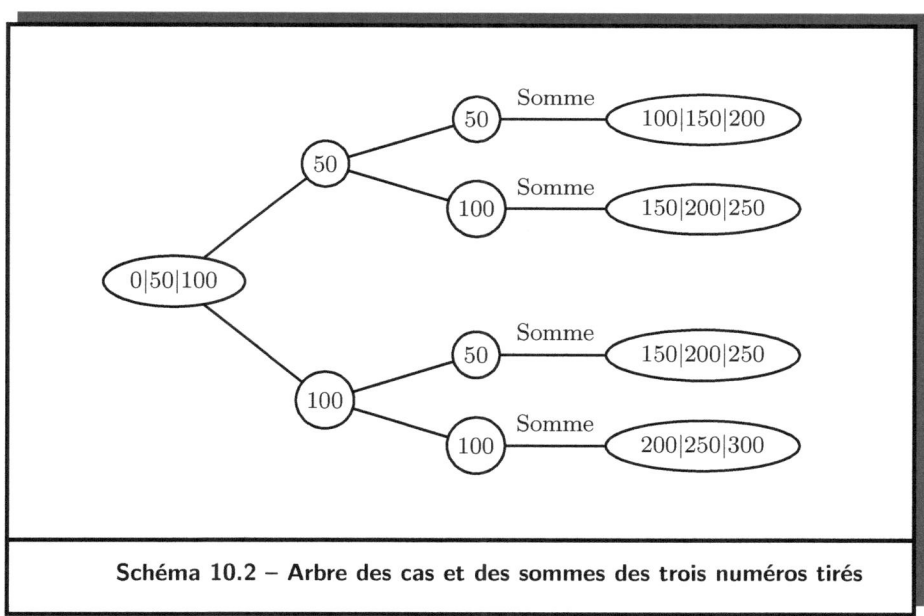

Schéma 10.2 – Arbre des cas et des sommes des trois numéros tirés

2.

Chaque tirage de l'univers Ω des possibles de cette expérience aléatoire correspond à une combinaison de 3 dans 9. Donc,

$$\text{card}(\Omega) = \mathbf{C}_9^3 = 84.$$

D'après le schéma 10.2 à la page 151, l'évènement A – « la somme des trois nombres est égale à 300 », est réalisé si et seulement si les trois boules tirées portent le nombre 100. De ce fait,

$$\text{card}(A) = \mathbf{C}_5^3 = 10,$$

car l'urne contient exactement cinq boules portant le nombre 100. La probabilité de l'évènement A est donc

$$\mathbb{P}(A) = \frac{10}{84} = \frac{5}{42}.$$

La plus grande somme possible étant 300, l'évènement B – « la somme des trois nombres est plus petite que 300 », a pour évènement contraire A. Par conséquent, la probabilité de l'évènement B est

$$\mathbb{P}(B) = 1 - \mathbb{P}(A) = 1 - \frac{5}{42} = \frac{37}{42}.$$

L'évènement C – « la somme des trois nombres est égale à 150 », est réalisé si et seulement si les trois boules tirées portent le nombre 50, ou les trois boules tirées portent des nombres distincts (l'une porte 0, l'autre 50 et la dernière 100). Ainsi,

$$\text{card}(A) = \mathbf{C}_3^3 + \mathbf{C}_1^1 \times \mathbf{C}_3^1 \times \mathbf{C}_5^1 = 1 + 3 \times 5 = 1 + 15 = 16$$

et la probabilité de l'évènement C est

$$\mathbb{P}(C) = \frac{16}{84} = \frac{4}{21}.$$

Solution du Problème.

Le graphe $(\mathcal{C}_f)$ du schéma 10.1 à la page 147 est la représentation graphique d'une fonction f dans un repère orthonormé $\left(O, \vec{i}, \vec{j}\right)$. De plus, f' est la dérivée de la fonction f.

1.

Compte tenu du graphe $(\mathcal{C}_f)$, l'ensemble de définition de f est

$$D_f = \mathbb{R} \setminus \{1\} =]-\infty, 1[\cup]1, +\infty[.$$

2.

Le schéma 10.1 montre que le graphe $(\mathcal{C}_f)$ passe par les points de coordonnées respectives $(0,3)$ et $(2,7)$. Ceci signifie que $f(0) = 3$ et $f(2) = 7$. Du reste, $(\mathcal{C}_f)$ admet des tangentes horizontales en ces points, d'abscisses respectives 0 et 2. De ce fait,
$$f'(0) = 0 \qquad \text{et} \qquad f'(2) = 0.$$

3.

D'après sa représentation graphique, la fonction f est strictement croissante sur $]-\infty, 0]$ et $[2, +\infty[$, puis strictement décroissante sur $[0, 1[$ et $]1, 2]$. En outre, la courbe $(\mathcal{C}_f)$ admet des tangentes horizontales exclusivement aux points d'abscisses 0 et 2.

(a) De ce fait, $f'(x) < 0$ si et seulement si $x \in]-\infty, 0[\cup]2, +\infty[$. Autrement dit, l'ensemble des solutions de l'inéquation $f'(x) < 0$ est
$$]-\infty, 0[\cup]2, +\infty[.$$

(b) Au demeurant, $f'(x) > 0$ si et seulement si $x \in]0, 1[\cup]1, 2[$. En d'autres termes, l'ensemble des solutions de l'inéquation $f'(x) > 0$ est
$$]0, 1[\cup]1, 2[.$$

4.

Les questions précédentes livrent les éléments constitutifs du tableau de variation de f, en dehors des limites aux bornes de D_f. Ces limites se déduisent aisément du graphe $(\mathcal{C}_f)$ et sont intégrées dans le tableau de variation ci-dessous :

x	$-\infty$		0		1		2		$+\infty$
$f'(x)$		$+$	0	$-$		$-$	0	$+$	
$f(x)$	$-\infty$	$\nearrow$	3	$\searrow$ $-\infty$		$+\infty$ $\searrow$	7	$\nearrow$	$+\infty$

5.

Soit $f(x) = ax + b + \frac{c}{x-1}$, où a, b et c sont des constantes réelles.

(a) Alors,

$$f(0) = b + \frac{c}{0-1} = b - c \quad \text{et} \quad f(2) = 2a + b + \frac{c}{2-1} = 2a + b + c.$$

Cependant, $f(0) = 3$ et $f(2) = 7$, selon la question **(2)**. D'où

$$b - c = 3 \quad \text{et} \quad 2a + b + c = 7.$$

En outre, pour tout $x \in \mathbb{R} \setminus \{1\}$, nous avons

$$f'(x) = (ax+b)' + c\left(\frac{1}{x-1}\right)' = a - c \cdot \frac{(x-1)'}{(x-1)^2} = a - \frac{c}{(x-1)^2}.$$

De ce fait, $f'(0) = a - c$. Puisque $f'(0) = 0$, il en résulte que $a - c = 0$. Par conséquent, le système d'équations suivant est satisfait :

$$\begin{cases} a - c = 0, \\ b - c = 3, \\ 2a + b + c = 7. \end{cases} \tag{E}$$

(b) Ce système **(E)** est équivalent à

$$\begin{cases} a = c, \\ b = c + 3, \\ 2c + c + 3 + c = 7. \end{cases}$$

Par conséquent, un triplet (a, b, c) de réels est solution de **(E)** si et seulement si $4c = 4$, c'est-à-dire $c = 1$, puis

$$a = c = 1 \quad \text{et} \quad b = c + 3 = 1 + 3 = 4.$$

L'ensemble des solutions du système **(E)** est donc le singleton

$$\big\{(1, 4, 1)\big\}.$$

(c) Soit $(\mathcal{D})$ la droite d'équation cartésienne $y = x + 4$. En remplaçant, dans cette équation x par -4, puis par 1, nous obtenons respectivement

$$y = -4 + 4 = 0 \quad \text{et} \quad y = 1 + 4 = 5.$$

De ce fait, la droite $(\mathcal{D})$ passe par les points $A(-4, 0)$ et $B(1, 5)$.

Dans la suite, nous supposons que $f(x) = x + 4 + \frac{1}{x-1}$.

6.

Alors,
$$f(2) = 2 + 4 + \frac{1}{2-1} = 2 + 4 + 1 = 7.$$

Du reste,
$$f'(x) = (x+4)' + \left(\frac{1}{x-1}\right)' = 1 - \frac{1}{(x-1)^2}$$

pour tout $x \in \mathbb{R} \setminus \{0\}$. En particulier,

$$f'(2) = 1 - \frac{1}{(2-1)^2} = 1 - 1 = 0.$$

Une équation cartésienne de la tangente à $(\mathcal{C}_f)$ au point d'abscisse $x_0 = 2$ est donc $y = f'(2)(x-2) + f(2)$, c'est-à-dire $y = 7$.

7.

(a) Soit F la fonction définie sur $]1, +\infty[$ par

$$F(x) = \frac{1}{2}x^2 + 4x + \ln(x-1) + k,$$

où $k \in \mathbb{R}$. Alors,

$$F'(x) = \left(\frac{1}{2}x^2 + 4x + k\right)' + \left(\ln(x-1)\right)' = x + 4 + \frac{(x-1)'}{x-1}$$
$$= x + 4 + \frac{1}{x-1} = f(x)$$

pour chaque $x \in]1, +\infty[$. Ainsi, la fonction F est une primitive de f.

(b) L'image de 2 par cette primitive F est

$$F(2) = \frac{1}{2} \times 2^2 + 4 \times 2 + \ln(2-1) + k = 2 + 8 + \ln(1) + k = k + 10.$$

Au demeurant, $k + 10 = 3$ si et seulement si $k = 3 - 10 = -7$. La primitive F de f sur $]1, +\infty[$ qui prend la valeur 3 en $x_0 = 2$ est donc définie par

$$F(x) = \frac{1}{2}x^2 + 4x + \ln(x-1) - 7.$$

(c) Soit $(\mathcal{C}_h)$ la courbe de la fonction h définie par $h(x) = |f(x)|$. Nous considérons par ailleurs $(\mathcal{C}_f^+)$ la partie de $(\mathcal{C}_f)$ contenant les points d'ordonnées positives ou nulles, ainsi que $(\mathcal{C}_f^-)$, la partie de $(\mathcal{C}_f)$ constituée des points d'ordonnées négatives. Alors, $(\mathcal{C}_h)$ est la réunion de $(\mathcal{C}_f^+)$ et de l'image de $(\mathcal{C}_f^-)$ par la symétrie orthogonale d'axe $\left(O, \vec{i}\right)$ (l'axe des abscisses). En d'autres termes, la courbe $(\mathcal{C}_h)$ se déduit de $(\mathcal{C}_f)$ en deux étapes :

1. conserver la partie de $(\mathcal{C}_f)$ dont les points ont des ordonnées positives ou nulles ;
2. réaliser la symétrie orthogonale de la partie $(\mathcal{C}_f)$ ayant des points d'abscisses négatives.

En amont de ces opérations, il sied de noter que la courbe $(\mathcal{C}_f)$ coupe l'axe des abscisses aux points

$$P\left(\tfrac{-3-\sqrt{21}}{2}, 0\right) \qquad \text{et} \qquad Q\left(\tfrac{-3+\sqrt{21}}{2}, 0\right),$$

avec $\frac{-3-\sqrt{21}}{2} \approx -3{,}791\,2$ et $\frac{-3+\sqrt{21}}{2} \approx 0{,}791\,2$. En effet,

$$f(x) = x + 4 + \frac{1}{x-1} = \frac{(x+4)(x-1)+1}{x-1} = \frac{x^2 + 3x - 3}{x-1},$$

puis $f(x) = 0$ si et seulement si x est solution de l'équation $x^2 + 3x - 3 = 0$, dont le discriminant est

$$\Delta = 3^2 - 4 \times 1 \times (-3) = 9 + 12 = 21.$$

Sur le schéma 10.3 à la page 157, la courbe $(\mathcal{C}_f)$ est reproduite d'un *trait interrompu*, tandis que $(\mathcal{C}_h)$ est tracée dans le même repère d'un *trait continu*. La partie « positive » $(\mathcal{C}_f^+)$ de $(\mathcal{C}_f)$ disparait alors effectivement sous la courbe $(\mathcal{C}_h)$, en tant que morceau de cette dernière.

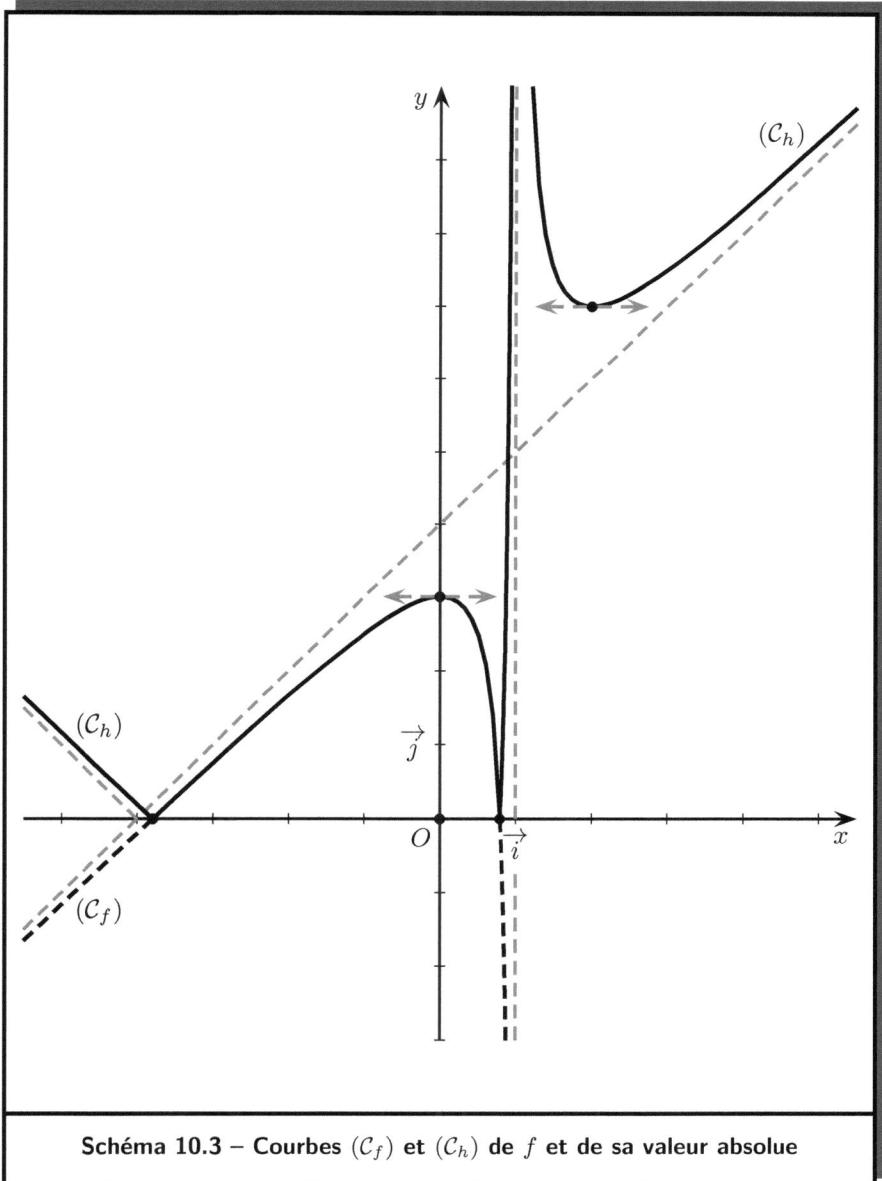

Schéma 10.3 – Courbes $(\mathcal{C}_f)$ et $(\mathcal{C}_h)$ de f et de sa valeur absolue

10.3. Notes et commentaires sur le sujet 2018

Résolution graphique d'inéquations impliquant la dérivée d'une fonction

À la troisième question du Problème, les candidats sont priés de résoudre graphiquement les inéquations strictes

$$f'(x) < 0 \qquad \text{et} \qquad f'(x) > 0.$$

En cette circonstance, la méthode déclinée à la page 116 est inadaptée. Elle exigerait en effet d'étudier la dérivée f' et de tracer sa courbe représentative. En revanche, il est efficient mettre à contribution la relation duale entre le sens de variation d'une fonction et le signe de sa dérivée. Cette relation permet de dégager les méthodes décrites ci-dessous, valables pour toute fonction f dérivable sur son ensemble de définition, sous réserve de la disponibilité de sa courbe $(\mathcal{C}_f)$.

Méthode de résolution graphique de l'inéquation $f'(x) < 0$:

1. Déterminez les abscisses de tous les points de $(\mathcal{C}_f)$ ayant une tangente horizontale.
2. Identifiez sur l'axe des abscisses les intervalles pour lesquels la courbe $(\mathcal{C}_f)$ est décroissante.
3. Réunissez ces intervalles et, le cas échéant, excluez les abscisses des points ayant une tangente horizontale, pour obtenir l'ensemble des solutions de l'inéquation $f'(x) < 0$.

Méthode de résolution graphique de l'inéquation $f'(x) > 0$:

1. Déterminez les abscisses de tous les points de $(\mathcal{C}_f)$ ayant une tangente horizontale.
2. Identifiez sur l'axe des abscisses les intervalles pour lesquels la courbe $(\mathcal{C}_f)$ est croissante.
3. Réunissez ces intervalles et, le cas échéant, excluez les abscisses des points ayant une tangente horizontale, pour obtenir l'ensemble des solutions de l'inéquation $f'(x) > 0$.

Courbe de la valeur absolue d'une fonction

La question (**7.c**) du Problème de cette session 2018 invite à représenter une fonction f et sa valeur absolue h dans le même repère orthonormé. Il s'agit en fait d'une invitation tacite à déduire la courbe de h de celle de f. La méthode déclinée à la page 86 permet de remplir cette tâche, qui est également l'objet de la sixième question du Problème de la session 2013. Toutefois, la fonction f de la session 2013 étant strictement négative, sa valeur absolue est son opposé. Elle ne permet donc pas de prendre la pleine mesure de cette méthode de déduction, à l'inverse de la fonction f de la session 2018, qui possède des valeurs positives et négatives.

Chapitre 11

Session 2019

11.1. Sujet 2019

Ce sujet comprend deux exercices et un problème, tous obligatoires.

Exercice 1 : Équations et système d'équations sur l'ensemble des réels.

Les parties A et B de cet exercice sont largement indépendantes.

Partie A.

1. Résoudre dans $\mathbb{R}^2$ le système

$$\begin{cases} 2x - y = 3, \\ x + 3y = 5. \end{cases}$$

2. (a) Montrer que le système

$$\begin{cases} \ln(x) + \ln\left(\frac{x}{y}\right) = 3, \\ \ln(xy) + \ln(y^2) = 5, \end{cases} \quad (\mathbf{S})$$

peut encore s'écrire
$$\begin{cases} 2\ln(x) - \ln(y) = 3, \\ \ln(x) + 3\ln(y) = 5. \end{cases}$$

(b) En déduire alors les solutions, dans $\mathbb{R}^2$, du système (**S**).

Partie B.

1. Résoudre dans $\mathbb{R}$ l'équation $2x^2 + x - 3 = 0$.
2. En déduire dans $\mathbb{R}$ l'ensemble solution de l'équation $2e^{2x} + e^x - 3 = 0$.

Exercice 2 : Combinatoire, calcul de probabilités et série statistique.

Le club théâtre du collège « LA RÉUSSITE » compte dix élèves tous issus des terminales littéraires, dont six filles et quatre garçons.

1. Ce collège doit choisir au hasard un groupe de trois membres de ce club pour former une délégation afin de répondre à une invitation du club théâtre d'un lycée pour la fête de clôture de ses acticités.

    (a) Combien ce collège a-t-il de possibilités de constituer cette délégation ?

    (b) Calculer, puis donner le résultat, sous forme de fraction irréductible, la probabilité de chacun des évènements suivants.

    A : « La délégation a exactement une fille ».

    B : « La délégation a au moins un garçon ».

    C : « Tous les membres de la délégation sont de même sexe ».

2. Dans le tableau ci-après sont présentées la note x sur 20 en philosophie et la note y sur 20 en mathématiques obtenues par les élèves du club théâtre du collège « LA RÉUSSITE » au baccalauréat blanc du mois de mai de cette année 2019.

x	12	8	11	14	13	6	7	9	10	12
y	10	7	9	11	10	6	6	8	9	8

    (a) Construire dans un plan rapporté à un repère orthonormé le nuage des points de la série (x, y). (Prendre sur chacun des axes 1 cm pour 2 points.)

(b) G_1 et G_2 désignent les points moyens respectifs des nuages des séries suivantes, extraites de la série (x, y) :

x	12	8	11	14	13
y	10	7	9	11	10

x	6	7	9	10	12
y	6	6	8	9	8

(i) Déterminer les coordonnées de G_1 et celles de G_2.

(ii) Déterminer une équation cartésienne de la droite (G_1G_2).

Problème : Étude et primitives d'une fonction rationnelle.

On considère la fonction g définie, pour tout réel x distinct de -2, par

$$g(x) = \frac{x^2 + 3x + 6}{x + 2},$$

et $(\mathcal{C}_g)$ sa courbe représentative dans un plan rapporté à un repère orthogonal $\left(O, \vec{i}, \vec{j}\right)$, où le centimètre est la longueur d'une unité sur l'axe des abscisses et de deux unités sur l'axe des ordonnées.

1. Calculer les limites respectives de la fonction g en $+\infty$, en $-\infty$, à gauche et à droite en -2.

2. Montrer que $g(x) = x + 1 + \dfrac{4}{x+2}$ pour tout réel $x \neq -2$.

3. Montrer que le point $\Omega(-2, -1)$ est un centre de symétrie pour la courbe $(\mathcal{C}_g)$.

4. Étudier les variations de la fonction g sur $\mathbb{R} \setminus \{-2\}$.

5. Dresser le tableau de variation de la fonction g sur $\mathbb{R} \setminus \{-2\}$.

6. Montrer que la droite d'équation $y = x + 1$ est asymptote à la courbe $(\mathcal{C}_g)$.

7. Construire la courbe $(\mathcal{C}_g)$.

8. (a) Déterminer une primitive de g sur $[-1, +\infty[$.

   (b) En déduire la primitive G de g sur $[-1, +\infty[$ telle que $G(-1) = e$.

11.2. Corrigé 2019

Solution de l'Exercice 1.

Partie A.

1.

La première équation du système
$$\begin{cases} 2x - y = 3, \\ x + 3y = 5, \end{cases} \tag{S_0}$$
est équivalente à $y = 2x - 3$. En substituant cette expression de y dans la seconde équation, nous obtenons
$$5 = x + 3(2x - 3) = x + 6x - 9,$$
c'est-à-dire
$$7x = 14 \quad \text{et} \quad x = \frac{14}{7} = 2.$$
D'où $y = 2 \times 2 - 3 = 4 - 3 = 1$. Du reste,
$$2 \times 2 - 1 = 4 - 3 = 1 \quad \text{et} \quad 2 + 3 \times 1 = 2 + 3 = 5.$$
Par conséquent, l'ensemble des solutions du système (S_0) est le singleton
$$\big\{(2,1)\big\}.$$

Ce résultat peut aussi être acquis grâce à la méthode par combinaison linéaire. À cet effet, nous multiplions la première équation de (S_0) par 3. Il en résulte alors le système semblable
$$\begin{cases} 6x - 3y = 9, \\ x + 3y = 5. \end{cases}$$
En additionnant les deux équations de ce dernier et en conservant la seconde, nous obtenons le système équivalent suivant :
$$\begin{cases} 7x = 14, \\ x + 3y = 5. \end{cases}$$

Le système (**S**$_0$) revient donc à
$$x = \frac{14}{7} = 2 \quad \text{et} \quad 2 + 3y = 5,$$
c'est-à-dire
$$x = 2 \quad \text{et} \quad y = \frac{5-2}{3} = \frac{3}{3} = 1.$$
Ainsi, le couple $(2,1)$ est l'unique solution de (**S**$_0$).

2.

(a) Soient x et y des réels strictement positifs. Alors,
$$\ln(x) + \ln\left(\frac{x}{y}\right) = \ln(x) + \ln(x) - \ln(y) = 2\ln(x) - \ln(y)$$
et
$$\ln(xy) + \ln\left(y^2\right) = \ln(x) + \ln(y) + 2\ln(y) = \ln(x) + 3\ln(y).$$
Le système
$$\begin{cases} \ln(x) + \ln\left(\frac{x}{y}\right) = 3, \\ \ln(xy) + \ln\left(y^2\right) = 5, \end{cases} \quad (\mathbf{S})$$
est de ce fait équivalent au système
$$\begin{cases} 2\ln(x) - \ln(y) = 3, \\ \ln(x) + 3\ln(y) = 5. \end{cases}$$

(b) À ce compte-là, un couple (x, y) de réels strictement positifs est solution du système (**S**) si et seulement si $\bigl(\ln(x), \ln(y)\bigr)$ est solution de (**S**$_0$). Ceci équivaut à
$$\bigl(\ln(x), \ln(y)\bigr) = (2, 1),$$
c'est-à-dire
$$\ln(x) = 2 \quad \text{et} \quad \ln(y) = 1,$$
puis $x = e^2$ et $y = e$. L'ensemble des solutions du système (**S**) est donc
$$\left\{(e^2, e)\right\}.$$

Partie B.

1.

L'équation du second degré
$$2x^2 + x - 3 = 0 \qquad (\mathbf{E}_1)$$

a pour discriminant
$$\Delta = 1^2 - 4 \times 2 \times (-3) = 1 + 24 = 25 = 5^2.$$

Ses solutions sont de ce fait
$$x_1 = \frac{-1 - \sqrt{5^2}}{2 \times 2} = \frac{-1 - 5}{4} = -\frac{6}{4} = -\frac{3}{2}$$

et
$$x_2 = \frac{-1 + \sqrt{5^2}}{2 \times 2} = \frac{-1 + 5}{4} = \frac{4}{4} = 1.$$

Autrement dit, l'ensemble des solutions de l'équation $(\mathbf{E}_1)$ est
$$S_1 = \left\{-\tfrac{3}{2}, 1\right\}.$$

2.

À l'évidence,
$$2e^{2x} + e^x - 3 = 2(e^x)^2 + e^x - 3$$

pour chaque nombre réel x. Ainsi, l'équation
$$2e^{2x} + e^x - 3 = 0 \qquad (\mathbf{E}_2)$$

est équivalente à $2(e^x)^2 + e^x - 3 = 0$. La fonction exponentielle étant strictement positive, il en résulte qu'un réel x est solution de $(\mathbf{E}_2)$ si et seulement si e^x est une solution positive de $(\mathbf{E}_1)$. Ceci équivaut à $e^x = 1$, c'est-à-dire $x = \ln 1 = 0$. L'ensemble des solutions de l'équation $(\mathbf{E}_2)$ est donc
$$S_2 = \{0\}.$$

Solution de l'Exercice 2.

Le club théâtre du collège « La Réussite » compte dix élèves tous issus des terminales littéraires, dont six filles et quatre garçons.

1.

Ce collège doit choisir au hasard un groupe de trois membres de ce club pour former une délégation afin de répondre à une invitation du club théâtre d'un lycée pour la fête de clôture de ses activités.

(a) Le nombre de possibilités qu'a ce collège de constituer cette délégation est le nombre de combinaisons de 3 parmi 10, c'est-à-dire

$$\operatorname{card}(\Omega) = \mathbf{C}_{10}^3 = 120,$$

où Ω désigne l'univers de ces possibilités.

(b) Pour réaliser l'évènement A – « la délégation a exactement une fille », il faut choisir un représentant parmi les six filles et les deux autres entre les quatre garçons. Le nombre de délégations potentielles ainsi formées est

$$\operatorname{card}(A) = \mathbf{C}_6^1 \times \mathbf{C}_4^2 = 6 \times 6 = 36.$$

De ce fait, la probabilité de l'évènement A est

$$\mathbb{P}(A) = \frac{36}{120} = \frac{3}{10}.$$

Le nombre de délégations possibles comprenant exactement un garçon est

$$\mathbf{C}_6^2 \times \mathbf{C}_4^1 = 15 \times 4 = 60.$$

Celui des délégations réalisables constituées d'exactement deux garçons est

$$\operatorname{card}(A) = 36.$$

En outre, il y a au total $\mathbf{C}_4^3 = 4$ délégations licites formées de trois garçons. Par conséquent, la probabilité de l'évènement B – « la délégation a au moins un garçon », est

$$\mathbb{P}(B) = \frac{60 + 36 + 4}{120} = \frac{100}{120} = \frac{5}{6}.$$

De manière alternative, notons que le contraire de B est l'évènement $\overline{B}$ – « la délégation est constituée de trois filles », dont la probabilité est
$$\mathbb{P}\left(\overline{B}\right) = \frac{\mathbf{C}_6^3}{120} = \frac{20}{120} = \frac{1}{6}.$$
De ce fait,
$$\mathbb{P}(B) = 1 - \mathbb{P}\left(\overline{B}\right) = 1 - \frac{1}{6} = \frac{5}{6}.$$

Nous avons vu plus haut que les nombres de délégations licites formées exclusivement de garçons d'une part, et de filles d'autre part, sont respectivement
$$\mathbf{C}_4^3 = 4 \qquad \text{et} \qquad \mathbf{C}_6^3 = 20.$$

Il s'ensuit que la probabilité de l'évènement C – « tous les membres de la délégation sont de même sexe », est
$$\mathbb{P}(C) = \frac{4+20}{120} = \frac{24}{120} = \frac{1}{5}.$$

2.

Dans le tableau ci-après sont présentées la note x sur 20 en philosophie et la note y sur 20 en mathématiques obtenues par les élèves du club théâtre du collège « La Réussite » au baccalauréat blanc du mois de mai de l'année 2019.

x	12	8	11	14	13	6	7	9	10	12
y	10	7	9	11	10	6	6	8	9	8

(a) Le schéma 11.1 à la page 169 révèle le nuage de points de cette série statistique (x, y), dans un repère orthonormé avec 1 cm pour 2 points sur chacun des axes.

(b) Soient G_1 et G_2 les points moyens respectifs des nuages des séries suivantes, extraites de la série (x, y) :

x	12	8	11	14	13
y	10	7	9	11	10

x	6	7	9	10	12
y	6	6	8	9	8

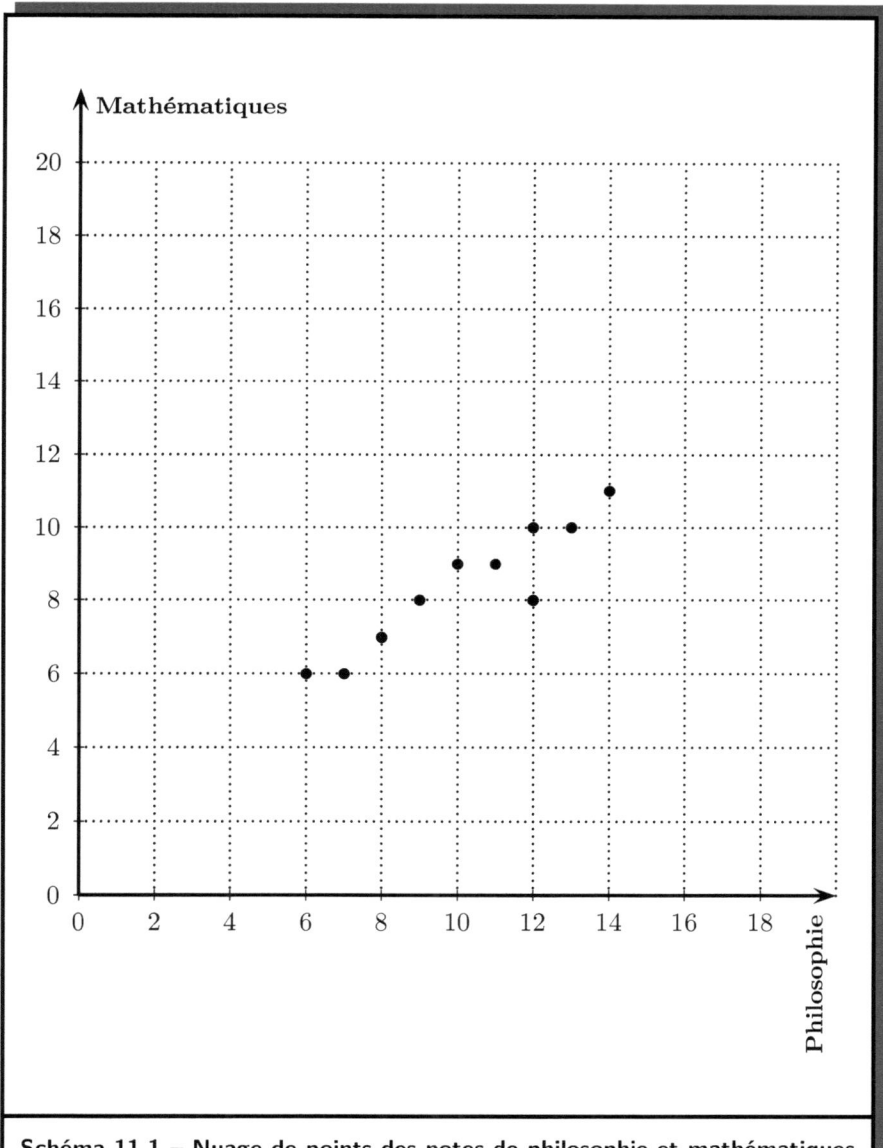

Schéma 11.1 – Nuage de points des notes de philosophie et mathématiques

(i) Alors, l'abscisse et l'ordonnée de G_1 sont respectivement

$$\overline{x_1} = \frac{12+8+11+14+13}{5} = \frac{58}{5} = 11{,}6$$

et

$$\overline{y_1} = \frac{10+7+9+11+10}{5} = \frac{47}{5} = 9{,}4.$$

En d'autres termes, $G_1(11{,}6\,;9{,}4)$.

De manière similaire, l'abscisse et l'ordonnée de G_2 sont respectivement

$$\overline{x_2} = \frac{6+7+9+10+12}{5} = \frac{44}{5} = 8{,}8$$

et

$$\overline{y_2} = \frac{6+6+8+9+8}{5} = \frac{37}{5} = 7{,}4.$$

Autrement dit, $G_2(8{,}8\,;7{,}4)$.

(ii) Un point $M(x,y)$ appartient à la droite (G_1G_2) si et seulement si les vecteurs
$$\overrightarrow{G_2M}\left(x-\tfrac{44}{5}, y-\tfrac{37}{5}\right) \qquad \text{et} \qquad \overrightarrow{G_2G_1}\left(\tfrac{14}{5}, 2\right)$$

sont colinéaires. Ceci équivaut à

$$\frac{x-\tfrac{44}{5}}{\tfrac{14}{5}} = \frac{y-\tfrac{37}{5}}{2},$$

c'est-à-dire

$$2x - \frac{88}{5} = \frac{14}{5}y - \frac{518}{25} \qquad \text{et} \qquad \frac{14}{5}y = 2x + \frac{78}{25}.$$

Il en résulte qu'une équation cartésienne de la droite (G_1G_2) est

$$y = \frac{5}{7}x + \frac{39}{35}.$$

Solution du Problème.

Soit g la fonction définie, pour tout réel x distinct de -2, par
$$g(x) = \frac{x^2 + 3x + 6}{x + 2},$$
et $(\mathcal{C}_g)$ sa courbe représentative dans un plan rapporté à un repère orthogonal $\left(O, \overrightarrow{i}, \overrightarrow{j}\right)$.

1.

Nous avons
$$\lim_{x \to -\infty} g(x) = \lim_{x \to -\infty} \frac{x^2}{x} = \lim_{x \to -\infty} x = -\infty$$
et
$$\lim_{x \to +\infty} g(x) = \lim_{x \to +\infty} \frac{x^2}{x} = \lim_{x \to +\infty} x = +\infty.$$
Cependant,
$$\lim_{x \to -2^-} (x + 2) = 0^-$$
et
$$\lim_{x \to -2^+} (x + 2) = 0^+,$$
compte tenu du tableau de signe suivant :

x	$-\infty$		-2		$+\infty$
$x + 2$		$-$	0	$+$	

De ce fait,
$$\lim_{x \to -2^-} g(x) = \frac{(-2)^2 + 3 \times (-2) + 6}{0^-} = \frac{4}{0^-} = -\infty$$
et
$$\lim_{x \to -2^+} g(x) = \frac{(-2)^2 + 3 \times (-2) + 6}{0^+} = \frac{4}{0^-} = +\infty.$$

2.

La division euclidienne du polynôme $x^2 + 3x + 6$ par $x + 2$ a pour quotient $x + 1$ et pour reste 4. Ce fait est attesté par le diagramme suivant :

$$\begin{array}{r|l}
x^2 + 3x + 6 & x+2 \\
\underline{-\,x^2 - 2x} & x+1 \\
+x + 6 & \\
\underline{-\,x - 2} & \\
+4 &
\end{array}$$

Il en découle que

$$g(x) = \frac{(x+2)(x+1)+4}{x+2} = x+1+\frac{4}{x+2}$$

pour chaque réel $x \neq -2$.

3.

Soit x un nombre réel. Alors, $-2-x \in D_g$ si et seulement si $-2-x \neq -2$, c'est-à-dire $-x \neq 0$. Ceci est équivalent à

$$x \neq 0 \quad \text{et} \quad -2+x \neq -2,$$

c'est-à-dire $-2+x \in D_g$. Par conséquent, l'équivalence suivante est valide :

$$-2-x \in D_g \Leftrightarrow -2+x \in D_g.$$

Au demeurant,

$$g(-2+x) = (-2+x)+1+\frac{4}{(-2+x)+2} = x-1+\frac{4}{x}$$

et

$$g(-2-x) = (-2-x)+1+\frac{4}{(-2-x)+2} = -x-1-\frac{4}{x},$$

puis

$$g(-2+x)+g(-2-x) = x-1+\frac{4}{x}-x-1-\frac{4}{x} = -2$$

et

$$\frac{g(-2+x)+g(-2-x)}{2} = -1$$

pour tout réel x vérifiant $-2+x \in D_g$. Ceci signifie que le point $\Omega(-2,-1)$ est centre de symétrie de la courbe $(\mathcal{C}_g)$.

4.

Pour étudier les variations de la fonction g, il sied de calculer sa dérivée et d'étudier le signe de cette dernière. En l'espèce,

$$\begin{aligned}
g'(x) &= \Big(x+1\Big)' + 4\left(\frac{1}{x+2}\right)' = 1 - 4 \times \frac{(x+2)'}{(x+2)^2} \\
&= 1 - \frac{4}{(x+2)^2} \\
&= \frac{(x+2)^2 - 2^2}{(x+2)^2} \\
&= \frac{(x+2-2)(x+2+2)}{(x+2)^2} \\
&= \frac{x(x+4)}{(x+2)^2}
\end{aligned}$$

pour chaque $x \in \mathbb{R}\setminus\{-2\}$. Le dénominateur de cette dérivée étant strictement positif, elle a le signe et les racines de son numérateur : le polynôme de deuxième degré $x(x+4) = x^2 + 4x$. Ce dernier a pour racines -4 et 0. Il a en outre le signe de 1 à l'extérieur de ses racines, mais le signe contraire de 1 à l'intérieur des mêmes racines. Ainsi,

$$\begin{cases} g'(x) < 0 & \text{si } x \in]-4,-2[\cup]-2,0[, \\ g'(x) = 0 & \text{si } x \in \{-4, 0\}, \\ g'(x) > 0 & \text{si } x \in]-\infty,-4[\cup]0,+\infty[. \end{cases}$$

La fonction g est donc strictement décroissante sur les intervalles $[-4,-2[$ et $]-2,0]$. Elle est en revanche strictement croissante sur $]-\infty,-4]$ et $[0,+\infty[$. Cependant, la courbe représentative $(\mathcal{C}_g)$ de g admet des tangentes horizontales aux points d'abscisses respectives -4 et 0. Les ordonnées de ces points sont respectivement

$$g(-4) = (-4) + 1 + \frac{4}{(-4)+2} = -3 - \frac{4}{2} = -3 - 2 = -5$$

et

$$g(0) = 0 + 1 + \frac{4}{0+2} = 1 + \frac{4}{2} = 1 + 2 = 3.$$

5.

Les enseignements du point précédent (**4**), conjuguées aux limites de g aux bornes de D_g, déterminées à la question (**1**), permettent de dresser le tableau de variation suivant :

x	$-\infty$		-4		-2		0		$+\infty$
$g'(x)$		$+$	0	$-$		$-$	0	$+$	
$g(x)$	$-\infty$ ↗		-5	↘ $-\infty$		$+\infty$ ↘	3	↗ $+\infty$	

6.

En vertu de la question (**2**), nous avons

$$\lim_{x \to \pm\infty}\Big(g(x) - (x+1)\Big) = \lim_{x \to \pm\infty} \frac{4}{x+2} = \lim_{x \to \pm\infty} \frac{4}{x} = 0.$$

Par conséquent, la droite d'équation $y = x+1$ est asymptote oblique à la courbe $(\mathcal{C}_g)$ en l'infini.

7.

Pour construire $(\mathcal{C}_g)$, nous considérons la table de valeurs suivante :

x	-6	-5	-4	-3	-1	0	1	2	3
$g(x)$	-6	$-5,33$	-5	-6	4	3	$3,33$	4	$4,8$

Le schéma 11.2 à la page 175 présente la courbe $(\mathcal{C}_g)$ dans un repère orthogonal $\left(O, \vec{i}, \vec{j}\right)$, avec pour unité 1 cm sur l'axe des abscisses et 0,5 cm sur l'axe des ordonnées. Les droites $(\mathcal{D}_1)$ et $(\mathcal{D}_2)$, d'équations respectives $x = -2$ et $y = x+1$, asymptotes verticale et oblique de $(\mathcal{C}_g)$, y sont également illustrées. Le centre de symétrie Ω de $(\mathcal{C}_g)$ est aussi mis en exergue.

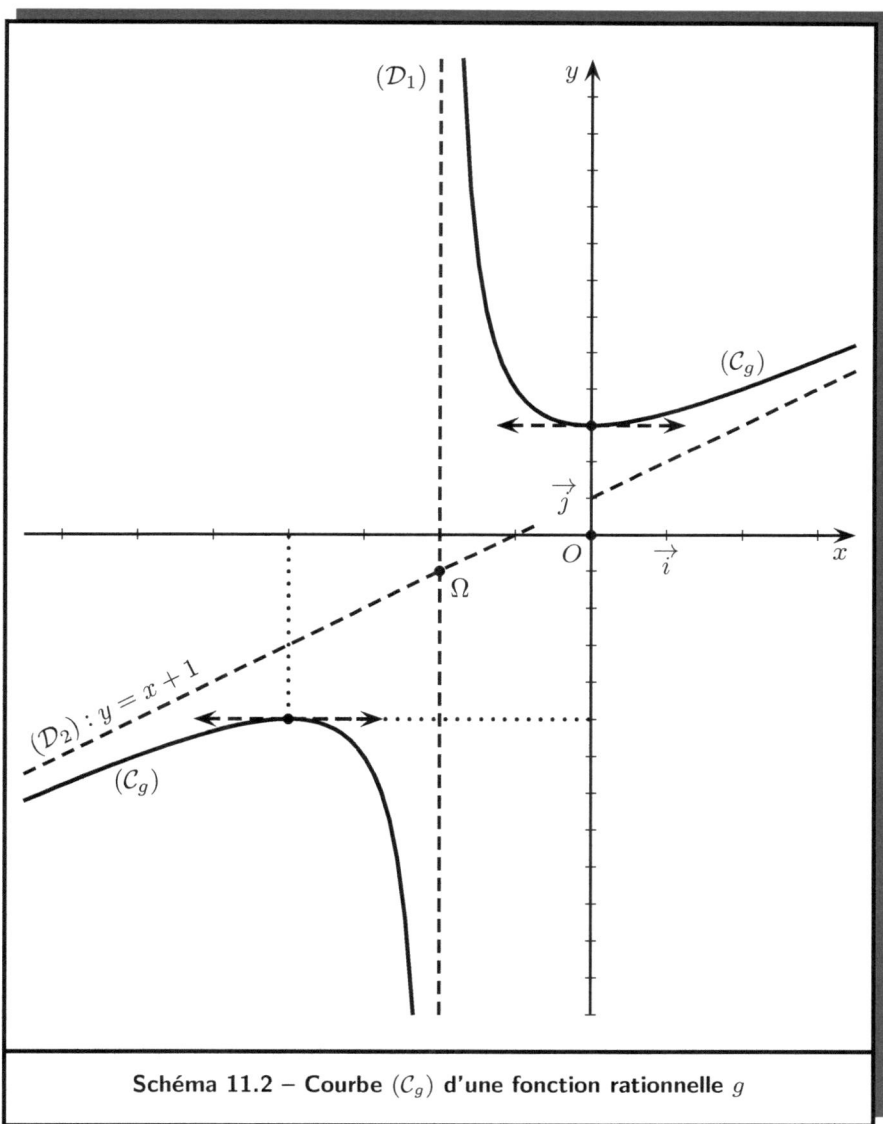

Schéma 11.2 – Courbe $(\mathcal{C}_g)$ d'une fonction rationnelle g

8.

(a) Pour chaque $x \in\,]-2, +\infty[$, nous avons

$$g(x) = x + 1 + \frac{4}{x+2} = \left(\frac{1}{2}x^2 + x\right)' + 4 \cdot \frac{(x+2)'}{x+2}$$
$$= \left(\frac{1}{2}x^2 + x\right)' + 4 \cdot \Big(\ln(x+2)\Big)'$$
$$= \left(\frac{1}{2}x^2 + x + 4\ln(x+2)\right)'.$$

De ce fait, toute primitive de g sur l'intervalle $[-1, +\infty[$ est définie par

$$x \mapsto \frac{1}{2}x^2 + x + 4\ln(x+2) + k,$$

où k est une constante réelle.

(b) Soit G primitive de g sur $[-1, +\infty[$ vérifiant $G(-1) = e$. Alors, de ce qui précède,

$$G(x) = \frac{1}{2}x^2 + x + 4\ln(x+2) + k,$$

avec $k \in \mathbb{R}$. Ainsi,

$$e = \frac{1}{2}(-1)^2 + (-1) + 4\ln(-1+2) + k = \frac{1}{2} - 1 + 4\ln(0) + k = -\frac{1}{2} + k.$$

puis $k = e + \frac{1}{2}$. D'où

$$G(x) = \frac{1}{2}x^2 + x + 4\ln(x+2) + e + \frac{1}{2}$$

pour chaque $x \in [-1, +\infty[$.

11.3. Notes et commentaires sur le sujet 2019

La troisième question du Problème est dédiée au centre de symétrie de la courbe de la fonction à étudier. La solution proposée ici est basée sur un résultat que nous rappelons ci-dessous.

Caractérisation du centre de symétrie d'une courbe

Soit f une fonction définie de $\mathbb{R}$ vers lui-même et D_f son domaine de définition. De plus, le plan étant rapporté à un repère cartésien, soit $(\mathcal{C}_f)$ la courbe représentative d'une fonction f. Alors, un point $\Omega(a,b)$ est *centre de symétrie* de la courbe $(\mathcal{C}_f)$ si et seulement si les deux conditions suivantes sont satisfaites :

(1) Pour tout réel x, l'assertion $a+x \in D_f$ est équivalente à $a-x \in D_f$.

(2) $f(a+x) + f(a-x) = 2b$.

Index thématique

À toutes fins utiles, cet index propose un aperçu des divers thèmes présents en toile de fond des sujets exposés dans le présent ouvrage. Chacun de ces thèmes y est notamment associé aux questions correspondantes. En l'espèce, chaque question est associée à l'année, l'exercice ou le problème, et éventuellement la partie.

EXERCICE et PROBLÈME sont symbolisés respectivement par **E** et **P**.

Ainsi, 2009-E2-1 désigne la question **(1)** de l'Exercice 2 du sujet de la session 2009.

En outre, 2012-E1-II-1-a fait référence à la question **(1.a)** de la Section **II** de l'Exercice 1 du sujet de la session 2012.

Dans le même esprit, la question **(5.b)** de la Partie **B** du Problème du sujet de la session 2017 est notée 2017-P-B-5-b.

Algèbre

Calcul littéral

Calcul sur les polynômes
2012-P-1-b, 2013-E1-1,
2013-E1-2, 2013-P-7-a,
2016-E1-2, 2017-P-B-3,
2018-E1-2-a, 2019-P-2

Équations

Équation dans $\mathbb{R}$
2010-E1-1, 2012-E1-II-1,
2012-E1-II-2, 2013-E1-3,
2016-E1-1, 2016-P-6,
2018-E1-2-b, 2019-E1-B-1

Équation faisant intervenir exp
2010-E1-2-b, 2011-E1-1,
2011-E1-2, 2012-E1-I,
2013-E1-4-b, 2018-E1-2-c,
2019-E1-B-2

Équation faisant intervenir ln
2010-E1-2-a, 2013-E1-4-a,
2016-E1-3

Résolution graphique
2015-P-6-a

Inéquations

Inéquation dans $\mathbb{R}$
2017-E1-1, 2018-E1-1-b

Inéquation faisant intervenir exp
2017-E1-2-a

Inéquation faisant intervenir ln
2017-E1-2-b, 2018-E1-1-a,
2018-E1-1-b

Résolution graphique
2015-P-6-b, 2015-P-6-c

Index thématique

Systèmes linéaires

Système d'équations dans $\mathbb{R}^2$	**2009**-E1-I-1, **2019**-E1-A-1
Système d'équations dans $\mathbb{R}^3$	**2015**-E1-A-1, **2017**-P-A-1, **2018**-P-5-b, **2017**-P-A-2-e
Système faisant intervenir exp	**2011**-E1-3
Système faisant intervenir ln	**2009**-E1-I-2, **2011**-E1-4, **2015**-E1-A-2, **2019**-E1-A-2-a, **2019**-E1-A-2-b

Analyse

Dérivée

Calcul d'une dérivée	**2009**-E1-II-2, **2009**-E4-2-a, **2011**-P-4, **2013**-P-4, **2014**-P-2-a, **2014**-P-5-a, **2015**-P-2-a, **2015**-P-7-a, **2016**-P-2, **2016**-P-7, **2017**-P-A-2-c, **2017**-P-B-5-a
Dérivée et sens de variation	**2009**-E1-II-3, **2009**-E4-2-a, **2010**-P-3, **2011**-P-4, **2012**-P-2, **2013**-P-4, **2014**-P-2-b, **2015**-P-2-b, **2016**-P-3-a, **2017**-P-B-2, **2019**-P-4
Nombre dérivée d'un point	**2014**-P-4-a

Fonctions

Asymptote	2009-E4-3-b, 2011-P-6, 2012-P-1-d, 2013-P-2, 2013-P-3, 2015-P-1-c, 2016-P-1-b, 2017-P-B-4, 2019-P-6
Centre de symétrie d'une courbe	2019-P-3
Courbe représentative d'une fonction	2009-E4-5, 2010-P-6, 2011-P-9, 2011-P-10, 2012-P-3-c, 2013-P-5-b, 2013-P-6, 2014-P-4-b, 2015-P-5, 2016-P-5, 2017-P-A-2-b, 2018-P-7-c, 2019-P-7
Ensemble de définition	2011-P-1, 2012-P-1-a, 2014-P-1-a, 2015-P-1-a, 2017-P-A-2-a, 2018-P-1
Fonction exp	2010-P-1, 2010-P-5
Fonction ln	2010-P-1, 2016-P-4, 2016-P-6
Image d'un réel par une fonction	2017-P-A-2-b, 2017-P-A-2-d, 2018-P-2, 2018-P-5-a, 2018-P-5-c
Intersection d'une courbe et d'une droite	2012-P-3-a, 2015-P-4
Opposé d'une fonction	2011-P-10
Parité	2011-P-2
Positions relatives de deux courbes	2009-E4-4, 2011-P-7, 2013-P-5-a
Résolution graphique d'une inéquation	2013-P-5-c, 2018-P-3-a, 2018-P-3-b

Tableau de variation	**2009**-E4-2-b, **2010**-P-3, **2011**-P-4, **2012**-P-2, **2013**-P-4, **2014**-P-3, **2015**-P-2-b, **2016**-P-3-b, **2017**-P-B-2, **2018**-P-4, **2019**-P-5
Tangente à la courbe d'une fonction	**2010**-P-4, **2011**-P-8, **2012**-P-3-b, **2015**-P-3, **2018**-P-6
Valeur absolue d'une fonction	**2013**-P-6, **2018**-P-7-c

Limites – Continuité

Calcul de limite	**2009**-E4-1, **2009**-E4-3-a, **2010**-P-2, **2011**-P-3, **2011**-P-5, **2012**-P-1-c, **2013**-P-2, **2014**-P-1-a, **2014**-P-4-a, **2015**-P-1-b, **2015**-P-1-c, **2016**-P-1-a, **2016**-P-1-c, **2017**-P-B-1, **2019**-P-1
Continuité en un point	**2014**-P-1-b

Primitives

Calcul d'une primitive	**2009**-E1-II-1, **2010**-P-7, **2012**-P-4, **2013**-P-7-b, **2014**-P-5-b, **2015**-P-7-a, **2015**-P-7-b, **2016**-P-7, **2017**-P-B-5-b, **2018**-P-7-a, **2018**-P-7-b, **2019**-P-8

Organisation des données

Dénombrement

    Nombre d'éléments d'un ensemble fini   2012-E2-1-a, 2012-E2-1-b, 2018-E2-1, 2019-E2-1-a

Probabilité

    Calcul de probabilité   2009-E3-1, 2009-E3-2, 2009-E3-3, 2009-E3-4, 2012-E2-2, 2013-E2-1-a, 2013-E2-1-b, 2014-E2-1-a, 2014-E2-1-b, 2014-E2-1-c, 2014-E2-2-a, 2014-E2-2-b, 2015-E1-B-1, 2015-E1-B-2, 2015-E1-B-3, 2017-E1-3, 2018-E2-2, 2019-E2-1-b

Statistiques

    Ajustement linéaire de Mayer   2010-E2-3, 2011-E2-3, 2014-E1-2-b, 2015-E2-2, 2015-E2-3, 2016-E2-3-a, 2017-E2-3, 2019-E2-2-b-ii

    Diagramme circulaire   2009-E2-1

    Histogramme   2013-E2-2-b

    Médiane   2009-E2-3

    Mode et classe modale   2009-E2-3

    Moyenne   2009-E2-2, 2013-E2-2-d

Nuage de points	2010-E2-1, 2011-E2-1, 2014-E1-1-a, 2015-E2-1, 2016-E2-1, 2017-E2-1, 2019-E2-2-a
Point moyen	2010-E2-2, 2011-E2-2, 2014-E1-1-b, 2014-E1-2-a, 2016-E2-2, 2017-E2-2, 2019-E2-2-b-i
Polygone des effectifs	2013-E2-2-c
Polygone des effectifs cumulés	2009-E2-4
Prévision	2010-E2-4, 2011-E2-4, 2014-E1-2-c, 2015-E2-4, 2016-E2-3-b, 2017-E2-4

Liste des schémas

1.1. Diagramme circulaire des effectifs par tranche de moyennes 8
1.2. Polygone des effectifs cumulés croissants 10
1.3. Arbre des cas et des sommes des trois numéros tirés 13
1.4. Courbe d'une fonction et son asymptote 17

2.1. Nuage de points du prix du kilogramme de viande 28
2.2. Courbe d'une fonction et sa tangente 33

3.1. Nuage de points de la dette d'un pays 44
3.2. Courbe d'une fonction rationnelle et de son opposé 52
3.3. Symétrie orthogonale axiale dans le plan euclidien 55

4.1. Diagramme de Venn des ensembles des personnes étudiées 62
4.2. Courbe d'une fonction rationnelle 68

5.1. Histogramme des effectifs d'une série de classes de tailles 78
5.2. Courbe d'une fonction rationnelle 83

6.1. Nuage de points du nombre de visiteurs d'un site touristique 91
6.2. Courbe d'une fonction dépendant du logarithme népérien 98

7.1. Nuage de points du chiffre d'affaires d'une entreprise 108
7.2. Courbe du quotient d'un polynôme et de l'exponentielle 113

8.1. Nuage de points de la production annuelle d'une société 121
8.2. Courbe du logarithme népérien d'un polynôme 126

9.1.	Courbe représentative $(\mathcal{C}_f)$ de f	131
9.2.	Nuage de points du bénéfice annuel d'une société	136
10.1.	Courbe représentative $(\mathcal{C}_f)$ de f	147
10.2.	Arbre des cas et des sommes des trois numéros tirés	151
10.3.	Courbes $(\mathcal{C}_f)$ et $(\mathcal{C}_h)$ de f et de sa valeur absolue	157
11.1.	Nuage de points des notes de philosophie et mathématiques	169
11.2.	Courbe $(\mathcal{C}_g)$ d'une fonction rationnelle g	175

Bibliographie

[1] C.I.A.M., Touré, Saliou (direction), **Mathématiques**, *Terminale littéraire*, EDICEF, Vanves, 2002.

[2] Nguembou Tagne, C. V., *Discours formel sur les mathématiques pour le secondaire*, Volume I, Books on Demand, Paris, Norderstedt, 2018.

Index

C

Calcul de probabilité, 11–12, 62, 76, 93–94, 105–106, 134, 152, 167, 168

Cardinal, 69

Courbe d'une fonction, 17, 33, 52, 68, 83, 98, 113, 126, 157, 175
    Asymptote de la —, 16, 31, 50, 65, 79, 124, 142, 174
    Centre de symétrie à la —, 47, 172, 177
    Tangente à la —, 32, 51, 66, 112, 139, 155

D

Dénombrement, 61, 167
    Arbre des cas, 13, 151

Division euclidienne
    de polynômes, 63, 74, 142, 171

E

e, 6

Ensembles
    Différence de deux —, 69
    Intersection de deux —, 69
    Réunion de deux —, 69

Équation, 74, 119, 150
- avec exp, 26, 40, 75, 150, 166
- avec ln, 26, 75, 104, 120
- du second degré, 25, 59, 74, 119, 127, 156, 166
  - discriminant, 25, 59, 74, 119, 127, 133, 149, 156, 166

exp, 6

F

Fonction
- Ensemble de définition d'une —, 63, 95, 110
- décroissante, 6
- Dérivée d'une —, 6, 14, 31, 49, 80, 84, 95, 99, 111, 124, 140, 158, 173
- Ensemble de définition d'une —, 47, 152
- exponentielle, 40
- impaire, 47
- Limite d'une —, 14, 31, 48, 64, 95, 110, 124, 140, 171
- Opposé d'une —, 53
- Primitive d'une —, 6, 34, 67, 114, 127, 143, 155, 176
- Sens de variation d'une —, 15, 32, 49, 80, 96, 111, 125, 141, 173
- strictement croissante, 15, 32, 66, 80, 96, 111, 125, 141, 153, 173
- strictement décroissante, 15, 32, 66, 80, 96, 111, 141, 153, 173
- Tableau de variation d'une —, 15, 32, 49, 81, 96, 111, 125, 141, 153, 174
- Valeur absolue d'une —, 82, 85, 156, 159

I

Inéquation, 133, 153
- avec exp, 133
- avec ln, 134, 148

L

ln, 5, 128

S

Série statistique
 Classe modale d'une —, 9
 Diagramme circulaire d'une —, 7
 Droite de Mayer d'une —, 29, 45, 92, 109, 123, 135, 137, 170
 Histogramme d'une —, 77, 78
 Médiane d'une —, 9, 18–21
 Moyenne d'une —, 7, 79
 Nuage de points d'une —, 28, 44, 90, 91, 107, 108, 121, 135, 136, 168, 169
 Point moyen d'une —, 27, 45, 90, 122, 135, 168
 Polygone des effectifs d'une —, 9, 77

Symétrie orthogonale, 53, 54, 82

Système d'équations, 4–6, 40–43, 138, 154, 164–165
 méthode du pivot de Gauss, 103
 méthode par combinaison linéaire, 5, 41, 164
 méthode par substitution, 4, 40, 138, 164

Du même auteur

Discours formel sur les mathématiques pour le secondaire, Volume I, Books on Demand, Paris, Norderstedt, 2018.

Du Point à l'Espace : Introduction formelle à la géométrie euclidienne, Books on Demand, Paris, Norderstedt, 2018.

Annales de Mathématiques 1, Baccalauréat C et E, Cameroun, 2008 – 2018 : Sujets et Corrigés, Books on Demand, Paris, Norderstedt, 2nde édition, 2021.

Annales de Mathématiques 3, B.E.P.C., Cameroun, 2009 – 2019 : Sujets et Corrigés, Books on Demand, Paris, Norderstedt, 2nde édition, 2021.

Annales de Mathématiques 4, Baccalauréat C et E, Cameroun, 2009 – 2019 : Sujets et Corrigés, Books on Demand, Paris, Norderstedt, 2nde édition, 2021.

Mathématiques en Terminales scientifiques : Exercices corrigés d'arithmétique, Books on Demand, Paris, Norderstedt, 2019.